国家自然科学基金项目"基于供应链契约理论和系统动力学的云计算服务供应链的协调策略研究"（61174167）资助出版

供需匹配视角下的云计算服务供应链的协调策略研究

韦凌云　凌佳翡　著

科学出版社

北　京

内容简介

本书主要针对按需定制、即买即用、按量付费的云计算服务供应链，从供需匹配的视角开展云计算服务供应链的协调策略研究。首先，在假设云计算服务能力无限的情况下，在排队论框架下，开展云计算服务供应链的协调策略的研究，分别从用户等待成本不对称、服务中断补偿、云基础设施供应商选择等角度，定量分析云计算服务供应链的运行机理及协调策略。然后，在充分理解云计算服务供应链运作机理的基础上，从供需匹配的视角，假设云计算服务能力有限制的情况下，考虑能力易逝性、迁移成本、服务可得性、需求的欲望行为以及SLA协议等云服务特征，分别从供应端、需求端及供应端+需求端，研究供应链的供需匹配策略，提出基于双向期权契约、两部收费制契约的云计算供应链的协调策略，为云服务供应链的协调运作提供理论依据。

本书可供云计算服务实践与研究、信息化建设、运营与供应链管理领域的研究生、学者、教师参考，也可供从事信息管理、IT服务、网络运营等相关工作的从业人员作为理论指导和实践参考。

图书在版编目(CIP)数据

供需匹配视角下的云计算服务供应链的协调策略研究/韦凌云，凌佳翡著. —北京：科学出版社，2018.6
ISBN 978-7-03-057744-3

Ⅰ. ①供… Ⅱ. ①韦… ②凌… Ⅲ. ①云计算-商业服务-供应链管理-研究 Ⅳ. ①TP393.027

中国版本图书馆CIP数据核字(2018)第125043号

责任编辑：闫 悦 / 责任校对：郭瑞芝
责任印制：张 伟 / 封面设计：迷底书装

科学出版社出版
北京东黄城根北街16号
邮政编码：100717
http://www.sciencep.com

北京建宏印刷有限公司 印刷
科学出版社发行 各地新华书店经销

*

2018年6月第 一 版 开本：720×1000 1/16
2019年3月第二次印刷 印张：7 1/2
字数：151 000
定价：45.00元
(如有印装质量问题，我社负责调换)

前　　言

云计算是采用大规模低成本运算单元通过 IP 网络相连组成运算系统以供运算服务的技术。云计算技术以虚拟化技术为核心技术，使得 IT 基础设施能够实现资源化和服务化，从而能够将基础架构、平台或应用软件打包成服务提供给客户，使得最终用户对 IT 的所有需求都转化为通过互联网（或 Intranet）提供的 IT 服务，实现用户对 IT 服务的按需定制、即买即用、按量付费。云计算技术使得 IT 基础设施变成如水电般按需使用和付费的社会公用基础设施，极大简化了用户的 IT 管理，有效降低了用户的 IT 基础设施成本，使整个社会的信息化水平得到全面提升，因此受到学术界和工业界的广泛关注。据知名市场研究公司 Gartner 预测，到 2020 年时，全球云计算市场的规模将达到 4110 亿美元。

云计算从根本上改变传统 IT 基础设施和服务的交付、应用和支付方式，并由此形成一个新型的服务供应链，即由云计算平台供应商、云计算系统集成商、云计算服务提供商、云计算开发商和云计算用户等角色构成的云计算服务供应链。不过，由于云计算产业是一个迅速发展、与时俱进的行业，关于云计算服务供应链的结构、运作机理、协调策略、利益分配方式等方面的研究尚在开展之中，研究成果并不多见。因此，开展云计算服务供应链的协调策略、运作机理等方面的研究，理解不同协调策略下云计算服务供应链的运作性能和行为特性，认识影响服务供应链运作性能的关键因素，将有助于设计、优化云计算服务供应链的运作模式和运作策略，以及有助于寻求实现服务供应链协同运行的协调机制。这对于提高云计算服务供应链的运作效率和服务水平，从而提升整个云计算产业链的发展水平具有重要意义。

本书主要从供需匹配的视角开展云计算服务供应链的协调策略研究，充分考虑了云计算服务供应链按需定制、即买即用、按量付费的特征。全书共四个部分。第一部分包括第 1、2 章，主要介绍本书绪论，云计算服务供应链的基本结构、特征和模型假设。第二部分包括第 3、4、5 章，主要是假设云计算服务能力无限的情况下，在排队论框架下，开展云计算服务供应链的协调策略的研究，分别从用户等待成本不对称、服务中断补偿、云基础设施供应商选择等角度，定量分析云计算服务供应链的运行机理及协调策略。第三部分包括 6、7、8 章，主要从供需匹配的视角，假设云计算服务能力有限制的情况下，考虑能力易逝性、迁移成本、服务可得性、需求的欲望行为以及 SLA 协议等云服务特征，开展云计算服务供应链的协调策略研究，分别从供应端、需求端及供应端＋需求端，研究供应链的供需匹配策略，提出基于双向期权契约、两部收费制契约的云计算供应链的协调策略。第四部分包括第 9 章，总结本书的研究工作和研究结论，提出云计算服务供应链的管理建议，并指出未来的研究方向。

基于本书第一作者对企业信息化和供应链管理的长期研究和实践，本书研究内容充分体现了云计算服务行业的发展趋势和云计算服务领域研究的前沿课题，研究结论对云计算服务供应链的协调机制设计具有一定参考价值。

本书第一作者为北京邮电大学自动化学院副教授，长期从事供应链管理、企业信息化、现代物流与电子商务、智能计算、并行/分布式计算等方面研究。本书主要是第一作者和他的学生凌佳翡、曹英鸳的共同研究成果的结集，是国家自然科学基金项目"基于供应链契约理论和系统动力学的云计算服务供应链的协调策略研究"（项目号：61174167）的部分研究成果的总结，也凝聚了 2011 年起北京邮电大学自动化学院云计算服务供应链研究组历届研究生的努力。

本书作者在研究和写作过程中参考了国内外众多的著作和文献资料，这些资料给了本书作者研究和写作的灵感，对本书的顺利完成至关重要，主要的参考文献已列于书后，在此对国内外有关学者表示最诚挚的谢意。

以按需定制、即买即用、按量付费为特征的云服务模式使得云服务供应链始终处于需求变化巨大的动态运作环境当中，也使得云计算服务供应链协调的复杂性大大增加。鉴于云计算服务供应链协调策略研究的复杂性，尽管作者付出巨大努力，书中仍难免存在疏漏，敬请专家和读者批评指正。

作　者

2018 年 4 月于北京海淀区蓟门桥

目 录

前言

第1章 绪论 ·· 1
  1.1 研究背景与意义 ·· 1
  1.2 国内外研究现状 ·· 3
    1.2.1 云计算概述 ·· 3
    1.2.2 云计算研究概况 ·· 5
    1.2.3 传统供应链协调研究概述 ······································ 8
    1.2.4 期权契约、两部收费制契约在供应链协调中的研究概况 ······ 12
    1.2.5 服务供应链协调研究概况 ······································ 14
    1.2.6 信息不对称下的供应链协调研究现状 ·························· 16
    1.2.7 云计算服务供应链协调研究现状 ······························ 18
    1.2.8 信息不对称下的云计算服务供应链协调研究现状 ············· 22
    1.2.9 现有云计算服务供应链协调研究的特点与不足 ··············· 23
  1.3 研究目标和内容 ··· 24

第2章 云计算服务供应链的基本模型与假设 ····························· 28
  2.1 基础结构 ··· 28
  2.2 基础假设及基础模型 ·· 31

第3章 用户等待成本信息不对称下的云计算服务供应链协调 ········ 33
  3.1 引言 ·· 33
  3.2 模型假设 ··· 33
  3.3 问题分析 ··· 33
  3.4 契约设计 ··· 36
    3.4.1 收入共享契约 ·· 36
    3.4.2 基于成本定价法 ·· 38
  3.5 小结 ·· 40

第4章 伴有服务中断的云计算服务供应链协调 ························· 41
  4.1 引言 ·· 41

4.2 模型假设 ··· 41
4.3 未使用契约的情形 ··· 42
    4.3.1 集中决策 ··· 42
    4.3.2 集中决策下的数值探究 ··· 43
    4.3.3 分散决策 ··· 46
4.4 契约设计 ·· 46
    4.4.1 补偿契约 ··· 46
    4.4.2 数值探究 ··· 48
4.5 小结 ··· 48

第 5 章 考虑服务水平和网络效应影响的逆向选择研究 ············ 49
5.1 引言 ··· 49
5.2 模型假设 ··· 51
5.3 参照Ⅰ：完全信息下的集中决策 ······································ 53
    5.3.1 理论证明 ··· 53
    5.3.2 集中决策下的数值探究 ··· 54
5.4 参照Ⅱ：完全信息下的契约机制设计 ································ 56
    5.4.1 理论证明 ··· 56
    5.4.2 数值分析 ··· 57
5.5 AIP 技术水平信息为其私有信息时的契约设计 ···················· 58
    5.5.1 情形Ⅰ：ASP 最大化自身利益 ································ 60
    5.5.2 情形Ⅱ：ASP 最大化整体利益 ································ 62
5.6 参照Ⅰ的敏感度分析 ··· 65
5.7 小结 ··· 68

第 6 章 考虑 SLA、宕机迁移、能力约束的云计算服务供应链协调 ············ 69
6.1 引言 ··· 69
6.2 模型假设 ··· 70
6.3 供应链建模及分析 ··· 73
    6.3.1 集中决策 ··· 73
    6.3.2 分散决策 ··· 74
    6.3.3 两部收费制契约 ··· 75
6.4 数值分析 ··· 76
    6.4.1 数值算例 ··· 76
    6.4.2 参数敏感度分析 ··· 77

6.5 小结 ··· 79

第7章 能力扩展机制下的云计算服务供应链协调 ··· 81
7.1 引言 ··· 81
7.2 问题描述和模型假设 ·· 83
7.3 追逐策略下的云计算服务供应链 ··· 84
7.4 "预订+能力扩展"策略下的云计算服务供应链 ·· 85
    7.4.1 集中决策 ·· 85
    7.4.2 "预订+能力扩展"策略和追逐策略的比较 ······································· 86
    7.4.3 分散决策 ·· 86
    7.4.4 双向期权契约下的决策 ··· 87
7.5 数值算例 ··· 88
7.6 小结 ··· 89

第8章 需求信息不对称和能力扩展机制下的云计算服务供应链协调 ·················· 90
8.1 引言 ··· 90
8.2 模型假设 ··· 91
8.3 供应链建模与分析 ··· 92
    8.3.1 完全信息下的集中决策 ··· 92
    8.3.2 需求信息不对称下的分散决策 ··· 92
    8.3.3 需求信息不对称下的两部收费制契约协调 ·· 93
8.4 数值验证部分 ··· 94
    8.4.1 数值算例 ·· 94
    8.4.2 敏感度分析 ·· 95
8.5 小结 ··· 97

第9章 总结与展望 ··· 98
9.1 研究总结 ··· 98
9.2 研究展望 ··· 101

参考文献 ··· 103

附录 ··· 109

第1章 绪　　论

1.1　研究背景与意义

云计算是采用大规模低成本运算单元通过 IP 网络相连而组成运算系统以提供运算服务的技术[1]。云计算技术以虚拟化技术为核心技术，使得 IT 基础设施能够实现资源化和服务化，从而能够将基础架构、平台或应用软件打包成服务提供给客户，使得最终用户对 IT 的所有需求都转化为通过互联网（或 Intranet）提供的 IT 服务，实现用户对 IT 服务的按需定制、即买即用、按量付费[1,2]。云计算技术使得 IT 基础设施变成如水电般按需使用和付费的社会公用基础设施，极大简化了用户的 IT 管理，有效降低了用户的 IT 基础设施成本，使整个社会的信息化水平得到全面提升，因而受到工业界和学术界的广泛关注[1-5]。实际上，目前云计算技术已受到市场的广泛认可，据知名市场研究公司 Gartner 预测，到 2020 年时，全球云计算市场的规模将达到 4110 亿美元[6]。

云计算从根本上改变传统 IT 基础设施和服务的交付、应用和支付方式，并由此形成一个新型的服务供应链，即由云计算平台供应商、云计算系统集成商、云计算服务提供商、云计算开发商和云计算用户等角色构成的云计算服务供应链[1]。由于目前云计算产业是一个迅速发展、与时俱进的产业，关于云计算服务供应链的结构、运作机理、协调策略、利益分配方式等方面的研究尚在开展之中，研究成果并不多见。因此，开展云计算服务供应链的协调策略、运作机理等方面的研究，理解不同协调策略下云计算服务供应链的运作性能和行为特性，认识影响服务供应链运作性能的关键因素，将有助于设计、优化云计算服务供应链的运作模式和运作策略，以及有助于寻求实现服务供应链协同运行的协调机制。这对于提高云计算服务供应链的运作效率和服务水平，从而提升整个云计算产业链的发展水平具有重要意义。

不过，相较制造业供应链和其他服务业供应链而言，云计算服务供应链的协调策略研究是一个极具挑战性的研究课题，因为云计算服务供应链具有以下特点[3-8]。①云计算服务供应链的参与主体以及主体之间的交互方式与其他供应链不同。云计算服务模式涉及硬件、软件、基础设施、网络平台、技术服务和支持等多方参与者,并且其参与各方的关系不是简单的线性关系,可能涉及多层嵌套的复杂的网络关系。②云计算服务供应链是通过服务能力而不是库存来缓冲供应链上的不确定性。制造业供应链的需求不确定性和信息流等因素导致的牛鞭效应在服务供应链中同样存在。云计算服务供应链交付的是服务而非产品,且涉及到部分实物,如数据库、硬盘等基础设施,故云服务供应链需以服务能力来缓冲不确定性,且其服务能力的范畴更为广泛。③云计算服务供应链的流程与其他供应链不同,其生产和交付过程并非完全同时进行,有重合的阶段,如软件开发是前期进行的,软件的在线服务与客户使用是同时的。而且云服务中不存在逆向流程即退货,这是区别于传统供应链的重要特点,使得服务质量和安全性显得尤为重要。④即买即用、按需定制、按量付费的云服务模式使得服务供应链始终处于需求变化巨大的动态运作环境当中,这大大增加了云计算服务供应链协调的复杂性,加大供需匹配的难度。⑤云计算服务供应链提供的是信息产品,其显著特征是巨大的初始固定生产成本和几近为零的边际生产成本。因此,其利润函数的构建须同时考虑固定生产成本和可变生产成本。而信息产品的价格弹性都比较大,根据随机需求进行合理销售量的决策时,必须同时考虑价格的决策。⑥云服务产品也会形成"产品积压",供需匹配至关重要。即云服务产品属于技术型网络产品,基于网络的信息产品传递过程也是产品生产(销售、服务)过程。一旦云计算服务系统搭建完毕,运营商即可进行产品生产。若运营商已具备云服务能力而没有用户上网使用,就形成无形的"产品积压"。

显然,由于云计算服务供应链有着其鲜明的特点,传统的制造业供应链或者其他服务行业行之有效的基于供应链契约的协调机制并不一定适用于云计算服务供应链。因此,重新检验经典供应链契约对于云计算服务供应链的协调效率和效果,或者针对云计算服务供应链的特点设计新的供应链契约,是云计算服务供应链的重要研究课题。而即买即用、按需定制、按量付费的云服务模式使得服务供应链处于需求变化巨大的动态运作环境当中,使得实现云计算服务供应链协调的复杂性显著增加。因此,从供需匹配的角度,开展云计算服务供应链的协调策略研究,高效率实现供需匹配将成为目前云计算和供应链管理领域的重要课题。

本书从供需匹配的角度,提出基于供应链契约的云计算服务供应链的协调策略研究课题,目的是针对即买即用、按需定制、按量付费的云服务模式的特点,设计适用于云计算服务供应链的契约,理解云计算服务链的运作机理和契约协调效率,认识影响云服务供应链运作绩效的关键因素,为优化设计云服务供应链的运作模式、协调策略提供理论依据,为实现高效率供需匹配提供理论依据。供应链契约能通过改变供应链有关各方的收益和承担风险的结构,进而改变各方的博弈结果,使博弈得到的均衡解对各方都有利,避免了"囚徒困境"的发生,达到供应链的帕累托改进，被认为是实现供应链协调的最有效的手段之一[9-10]。显然，基于契约理论开展云计算服务供应链的协调策略研究，将有助于理解契约协调下的云服务供应链运作的深层次规律，认识影响云计算服务链的关键因素，设计出有效的云计算服务供应链的协调机制，发现控制云计算服务链运作性能的干涉点和策略杠杆点，为云计算服务供应链的设计、决策和管理诊断等奠定基础，为高效率供需匹配提供理论依据。这是极具前瞻性的研究，将能有效应对"即买即用、按需定制、按量付费"的云服务模式带来的协调复杂性以及供需匹配的困难，将有助于提升云计算服务供应链的运作效率和服务水平、促进整个云计算产业链的发展，因而具有重大的学术和实用价值。

1.2 国内外研究现状

1.2.1 云计算概述

随着互联网时代信息与数据的快速增长，科学、工程和商业计算领域需要处理大规模、海量的数据，对计算能力的需求远远超出自身IT架构的计算能力。云计算技术因为能够以较低成本和较高性能解决这种无限增长的海量信息的存储和计算问题，而受到工业界和学术界的广泛关注，成为学术界研究的热点领域[1-3]。根据美国国家标准与技术研究院(National Insititue of Standards and Technology，NIST)的定义：云计算是一种按使用量付费的模式，这种模式提供可用的、便捷的、按需的网络访问，可以进入可配置的计算资源共享池(如网络、服务器、存储、应用和服务等)，这些资源只需要投入少量的管理工作或与服务供应商进行很少的交互就能够被快速获取。显然，本质上，云计算是以虚拟化技术为核心技术，以规模经济为驱动，以Internet为载体，以由大量的计算资源组成的IT资源池为支撑，按照用户需求动态地提供虚拟化的、可伸缩的IT服务[2]。在云计算技术驱动下，IT基础设施能够实现资源化和服务化，这使得用户所有的IT服务需求都可以通过基础设施即服务(infrastructure as a service，IaaS)、平台即服务(platform as a service，PaaS)、软件即服务(software as a service，SaaS)等云服务模式满足，并按需定制、即买即用、按量付费[1-3]。IaaS是以服务的形式交付计算机基础设施，作为最底层和最基础的服务，IaaS将基础设施(计算资源和存储)作为服务出租，代表了一种作为标准化服务在网上提供服务的手段。PaaS是以服务形式交付操作系统等平台软件的模式。SaaS是以服务的形式通过互联网提供软件的模式，软件厂商将应用软件统一部署到自己的服务器上，用户按需订购、按量付费[1,5]。

显然，包括 IaaS、PaaS、SaaS 等模式的云计算使得 IT 基础设施变成如水电般按需使用和付费的社会公用基础设施，极大简化了用户的 IT 管理，有效降低了用户的 IT 基础设施成本，使整个社会的信息化水平得到全面提升。实际上，如今，云计算凭借 IaaS、PaaS、SaaS 模式的优势已经获得了全球市场的广泛认可，企业、政府、军队等各种重要的部门都在全力研发和部署云计算相关的软件和服务，云计算已经进入国计民生的重要行业。

在政府层面，从美国到日本，从我国政府到地方政府，都顺应技术和新产业发展趋势，看到了新一轮 IT 转型的机会，纷纷支持云计算及其产业。世界各国纷纷制定政策与战略，提供良好的技术创新环境，推进云计算的发展，并从国家战略的高度确定了云计算产业的重要性。例如，早在 2010 年，日本就发布了《云计算与日本竞争力研究》报告；美国联邦政府则在 2011 年发布了《联邦云计算战略》；2012 年，我国国务院发布了《"十二五"国家战略性新兴产业发展规划》将云计算作为新兴产业加以扶持；同时，欧盟委员会也启动了"释放欧洲云计算潜力"的战略计划。

在企业方面，几乎世界所有顶级 IT 企业都部署了云计算发展策略，并不断推出产品和解决方案。IBM 推出"蓝云"战略，提供 IaaS、PaaS、SaaS 服务，截至 2018 年 3 月，IBM 在全球拥有 60 个云计算中心，并通过对云计算战略进行大幅调整，以服务部门销售云计算服务，在 2017 年度云服务收入高达 170 亿美元[11,12]。Microsoft 基于自己在桌面端软件的优势，提出了"云+端"的云计算构想，追求"软件+服务"战略和平台战略，其路线是从 PC 领域向互联网领域发展，目前微软云平台 Azure 拥有全球数量最多的数据中心区域，可部署到全球 42 个区域，提供涵盖 IaaS、PaaS、SaaS 的 100 种服务，2017 年 Microsoft 财年云服务收入高达 189 亿美元[12,13]。而 Google 与 Microsoft 相反，利用其搜索引擎和海量数据处理方面的先进技术，走的是从互联网向客户端发展的路线，主要从 PaaS 平台入手，向 IaaS、SaaS 扩展，截至 2017 年 3 月，谷歌拥有全球 14 个云计算数据中心，并拟在荷兰、加拿大蒙特利尔和美国加州推出三个新的云计算数据中心，2017 财年第四季其云服务营业收入已达 10 亿美元，云服务年营业收入约 40 亿美元[14]。Amazon 则以在线书店起家，所倡导的云是"Amazon 网络服务"（Amazon web services，AWS），始于 2006 年，是全球最早推出的云计算服务平台，截至 2018 年 3 月，AWS 在 18 个区域和一个本地区域有 53 个可用区（AZ），分别位于美国、澳大利亚、巴西、加拿大、中国、法国、德国、印度、爱尔兰、日本、韩国、新加坡和英国，主要由简单存储服务（S3）、弹性计算云（EC2）、简单排列服务（simple QS）和简单数据库服务（simple DB）等核心业务组成，亚马逊云服务 2017 年营业收入已达 170 亿美元[12,15]。VMware 制定了以虚拟化和云计算为支撑的"IT 即服务"发展路线图，对云计算的部署从基础设施扩展到应用开发领域。而 Oracle 也在 2010

年宣称自己是一家云软件的"一站式"厂商，推出了名为 Oracle Exalogic Elastic Cloud 的软硬件集成系统，加快了云计算发展步伐。而国内云服务巨头，则以阿里云为代表，其拥有自主开发的云操作系统飞天，可以将遍布全球的百万级服务器连成一台超级计算机，以在线公共服务的方式为社会提供计算能力，提供涵盖 IaaS、PaaS、SaaS 等云服务，全球共部署 18 个地域、42 个可用区，2017 财年累计收入破百亿，达 112 亿元人民币，持续保持在亚洲市场上的绝对领先[16]。国内的另一个云计算巨头腾讯云在全球 21 个地理区域布局了 36 个可用区，2017 年的云服务营业收入约 43 亿元，以 IaaS 服务收入为主[12,17]。可见，云服务市场份额巨大，各大国际国内 IT 巨头的营业收入中，云计算服务的营业收入贡献巨大，成为重要的利润增长点。

随着计算、存储、网络资源被当作服务广泛共享，各服务提供商之间的专业化分工越来越明确的同时，彼此之间、与用户之间的依赖性（即合作）也逐渐增大，催生了一个崭新的云生态系统。该系统中的成员日趋丰富、商业模式日趋成熟，企业间的竞争已经逐步升级为供应链的竞争。正如 Arshinder 等学者所说，供应链上的成员由于资源和信息而相互依赖，这种依赖性正随着"外包活动、全球化、信息技术的快速创新"而与日俱增[18]。这种不断增长的依赖性不但带来了利益，也带来了风险和不确定性。为了应对这些挑战，供应链成员必须有效合作、相互协调，形成精益的、集成化的供应链系统。

目前，云计算产业处于不断发展、与时俱进的阶段，关于云计算服务供应链的结构也并未形成统一的认识，但大体上，云计算服务供应链主要是由云服务用户、云服务销售商、云服务供应商等不同利益主体构成[3]，其中，云服务供应商可以是 IaaS 服务提供商、PaaS 服务提供商和 SaaS 服务提供商。不过，需要注意的是，IaaS 服务提供商通常可为 PaaS 服务提供商和 SaaS 服务提供商提供服务，PaaS 服务提供商为 SaaS 服务提供商提供服务。而一个企业可能同时作为 PaaS 服务提供商和 SaaS 服务提供商，如 Google 公司；或者集三个服务角色于一身，如亚马逊公司同时提供 IaaS、PaaS、SaaS 服务。显然，云计算服务供应链的成员存在相互嵌套的网络关系，这大大增加了云服务供应链的协调难度，对供应链契约理论提出很大的挑战。此外，即买即用、按需定制、按量付费的云服务模式使得服务供应链处于需求变化巨大的动态运作环境当中，使得云计算服务供应链协调的复杂性大大增加。因此，有必要从供需匹配的角度，开展云计算服务供应链的协调策略研究。

1.2.2 云计算研究概况

Durao 等[19]运用系统综述的研究方法对 2012 年之前与云计算相关的 827 篇文

献进行了分析，其中，重点文献 301 篇。他们分析的文献选自各大会议论文集、技术报告、期刊杂志以及其他电子资源库，如 ACM Digital library、ScienceDirect、IEEE Xplore、ELCOMPENDEX、SCOPUS 以及 DBLP。借助他们的研究，可以对云计算相关的国内外研究现状有一系统、全面的认识。

通过分析，他们主要把 301 篇文献总结成了 8 个与云计算相关的问题，分别是[19]：①云计算在计价、收费等方面遇到的经济问题；②服务层协议(service layer agreement，SLA)相关问题及解决方案；③云计算的社会影响；④云计算背后的架构设计问题；⑤实现云资源弹性伸缩的方法；⑥数据存储解决方案；⑦云资源使用监管方案；⑧云安全相关问题。详见图 1-1 和图 1-2。

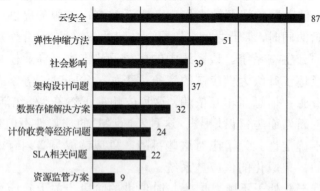

图 1-1　云计算相关问题研究文献数量对比图

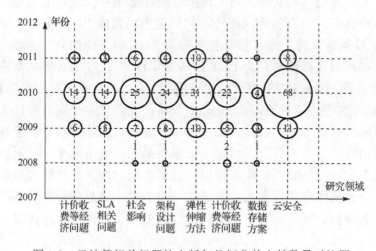

图 1-2　云计算相关问题按出版年份细分的文献数量对比图

从图 1-1 和图 1-2 中可以看出，就学术界而言，世界范围内对云计算研究主要集中在 2010 年，相关文献数量在 2010 年出现了爆发式增长，随后 2011 年又回落至 2009 年的个位数水平。由于文献出版时间对真正开展研究时间通常有 1～2

年的滞后期，因此，学者们对云计算的相关研究时间应该集中在 2009 年左右。研究热点前三位分别是：云安全、云弹性和云计算的社会影响。

国内云计算相关的研究热点及分布年限又是怎么样的呢？通过 Web of Science 平台对其旗下的三大核心合集——1997 年至今的 SCI-EXPANDED，2007 年至今的 SSCI 以及 2004 年至今的 CPCI-S 数据库——进行搜索，共检索到 3101 篇相关文献。其中，研究方向分布图如图 1-3 所示，可见，世界范围内对云计算的相关技术研究要明显多于对云计算经济层面的研究，与云计算经济相关的研究方向主要有以下三类：Operation Research Management Science（90 篇），Management（53 篇），Business（31 篇）。图 1-4 则显示了排名前十的热点研究国家和地区，可见，科研方面，中国学者对云计算的研究热度要高于其他国家。对比图 1-5 和图 1-6 可知，中国国内的研究趋势与世界其他国家的研究趋势基本相同。以上数据截至 2014 年 12 月 15 日。

字段：研究方向	记录数	占3101的%	柱状图
COMPUTER SCIENCE	2116	68.236%	
ENGINEERING	1328	42.825%	
TELECOMMUNICATIONS	437	14.092%	
MATERIALS SCIENCE	139	4.482%	
AUTOMATION CONTROL SYSTEMS	93	2.999%	
OPERATIONS RESEARCH MANAGEMENT SCIENCE	90	2.902%	
INFORMATION SCIENCE LIBRARY SCIENCE	89	2.870%	
BUSINESS ECONOMICS	82	2.644%	
MATHEMATICS	60	1.935%	
SCIENCE TECHNOLOGY OTHER TOPICS	41	1.322%	

图 1-3　世界范围内云计算研究方向分布图

字段：国家/地区	记录数	占3101的%	柱状图
中国	953	30.732%	
美国	530	17.091%	
印度	194	6.256%	
韩国	175	5.643%	
中国台湾	156	5.031%	
澳大利亚	124	3.999%	
英国	114	3.676%	
德国	114	3.676%	
西班牙	85	2.741%	
日本	83	2.677%	

图 1-4　云计算研究国家/地区分布图

字段：研究方向	记录数	占1107的%	柱状图
COMPUTER SCIENCE	701	63.324%	▬▬▬▬▬
ENGINEERING	524	47.335%	▬▬▬▬
MATERIALS SCIENCE	129	11.653%	▬
TELECOMMUNICATIONS	124	11.201%	▬
AUTOMATION CONTROL SYSTEMS	70	6.323%	▪
OPERATIONS RESEARCH MANAGEMENT SCIENCE	48	4.336%	▪
MATHEMATICS	36	3.252%	▪
MECHANICS	24	2.168%	▪
BUSINESS ECONOMICS	21	1.897%	▪
REMOTE SENSING	20	1.807%	▪

图 1-5　云计算研究在中国的研究方向分布图

字段：研究方向	记录数	占1994的%	柱状图
COMPUTER SCIENCE	1415	70.963%	▬▬▬▬▬
ENGINEERING	804	40.321%	▬▬▬
TELECOMMUNICATIONS	313	15.697%	▬
INFORMATION SCIENCE LIBRARY SCIENCE	80	4.012%	▪
BUSINESS ECONOMICS	61	3.059%	▪
OPERATIONS RESEARCH MANAGEMENT SCIENCE	42	2.106%	▪
SCIENCE TECHNOLOGY OTHER TOPICS	28	1.404%	▪
MATHEMATICS	24	1.204%	▪
OPTICS	24	1.204%	▪
AUTOMATION CONTROL SYSTEMS	23	1.153%	▪

图 1-6　云计算研究在中国以外国家的研究方向分布图

1.2.3　传统供应链协调研究概述

按照我国在 2001 年发表的物流术语国家标准中的定义，供应链是生产及流通过程中，涉及将产品和服务提供给最终用户活动的上游与下游企业所形成的网链结构[20]。根据上述定义，可将供应链分为产品供应链和服务供应链。由于供应链本身的复杂结构以及企业个体理性的原因，沟通信息不完整、信息不对称、牛鞭效应、逆向选择、道德风险等成为供应链运作的最大障碍，所以有必要建立有效的协调机制，使供应链达到整体增效、个体得益的协调状态。供应链的协调问题既是经济学问题(目标)，又是管理学的问题(过程)。

从历史文献来看，供应链的协调机制主要有契约技术、信息共享技术和其他联合激励技术三类[18]，如传统产品供应链中常用安全库存、订单拆分给供应商、各种合同和套期保值策略来解决供应链中的提前期不确定、价格不确定和需求波动问题。通过对历史文献的研究，Arshinder 等[18]将处理不确定性及实现供应链整体最优的协调机制做了梳理，如图 1-7 所示，并提出了供应链协调指标（supply chain coordination index, SCCI）的量化模型，如图 1-8 所示。

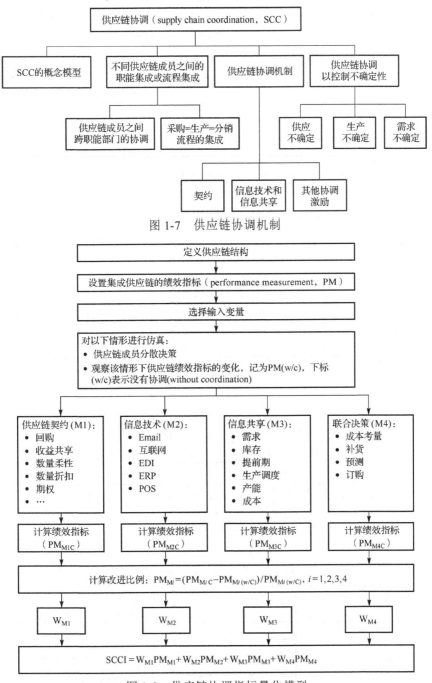

图 1-7 供应链协调机制

图 1-8 供应链协调指标量化模型

Chan 等[21]也对供应链协调的文献做了详尽的整理,他们认为传统产品供应链的研究将重点放在库存管理上,并把协调的方式划分成了两大类:分析的方法(analytical approaches)和仿真的方法(simulations approaches)。分析方法与仿真方法的主要区别如表 1-1 所示,具体方法如图 1-9 和图 1-10 所示,着手点(或者称"研究的维度")如表 1-2 所示。

表 1-1　供应链协调研究中的两种方法的比较

关键问题	分析的方法	仿真的方法
主要目标	求最优解	探索供应链行为
协调算法	静态	动态、交互
供应链结构	一对一为主	网状
参数及决策变量	多数情况下是确定的	可以不确定
时间跨度	单阶段为主	多阶段
灵活性	有限的	可扩展的
绩效指标	有限的	多元的

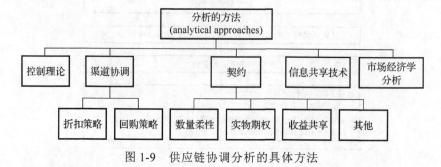

图 1-9　供应链协调分析的具体方法

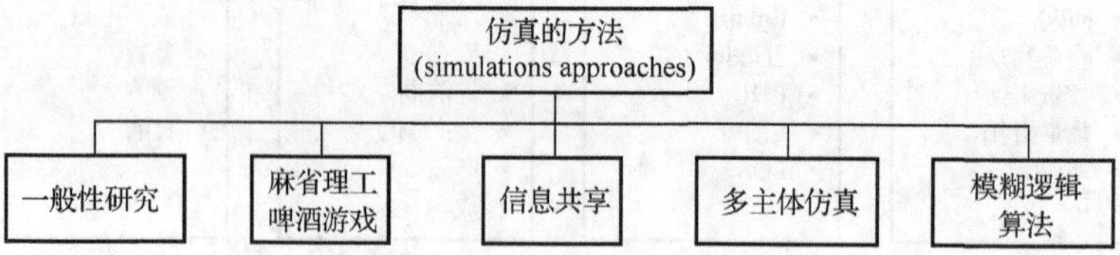

图 1-10　供应链协调仿真的具体方法

表 1-2　供应链协调研究维度

不确定性	需求不确定
	其他不确定
需求分布	正态分布
	非特定的随机分布
	均匀分布
	其他分布

续表

供应链结构	串行结构
	一对一结构
	一个供应商对多个零售商
	网状结构

由此可见，契约手段是实现供应链系统完美协调或绩效改善的主要方法之一。Pasternack[22]最早提出了供应链契约的概念，给出了易腐败商品的最优批发价格和退货政策。供应链契约的目标是：增加供应链总利润；减少库存积压和缺货成本；在供应链伙伴之间分担风险[23]。最基本的四种供应链契约分别是批发价格契约(wholesale price)[24]、回购契约(buy back)[25]、收益共享契约(revenue sharing)[26]，以及数量柔性契约(quantity flexibility)[23]。其他契约模型都是这四种契约演变或组合。Cachon[9]对于各契约的机理描述与数学模型做了详细介绍，以此为基础，可以更好地理解各种供应链契约的实现机理和运作模式。

大多数文献关于供应链的契约设计建立在"报童模型"(newsvendor model)[27]的基础上，遵循"斯坦伯格博弈"(Stackelberg game)[28]。在博弈论当中，斯坦伯格博弈的参与者是一个主导者(leader)和一个跟随者(follower)，他们在数量上进行博弈：主导者首先提供一个契约，跟随者决定是否接受契约，如果接受，则根据契约确定所采取的行动。基本模型为：供应链是由一个制造商(供应商)和一个零售商组成的两阶段供应链系统；市场需求 $D(p)$ 是不确定的随机变量或者随着市场价格变化而变化的变量，其分布函数为 $F(x)$，密度函数为 $f(x)$，且分布函数 $F(x)$ 可微、单调递增，$F(0)=0$，$\bar{F}(x)=1-F(x)$。基于这样的假设探讨零售商的最优零售价格决策，或者在零售商价格固定而市场需求随机的情况下，探讨零售商的最优订货数量，即"单周期报童模型"问题。报童模型是研究不确定市场需求下供应链契约随机模型的重要基础。进一步假设：p 是零售商的单位产品在市场的零售价格，ω 是供应商出售给零售商的单位产品批发价格，c 是供应商的单位产品生产成本，v_s 是单位产品在供应商处的残值，v_r 是单位产品在零售商处的残值，l_s 是供应商的单位缺货损失成本，l_r 是零售商的单位缺货损失成本，T 是协作过程中零售商对供应商的转移支付，该转移支付的表达式由所使用的契约类型决定。当零售商的订购量为 Q 时，基本的报童模型的数学模型如下。

$$\mu = E(x) = \int_0^\infty x f(x) \mathrm{d}x \tag{1-1}$$

$$S(Q) = E[\min(Q,x)] = Q - \int_0^Q F(x) \mathrm{d}x \tag{1-2}$$

$$I(Q) = (Q-D)^+ = Q - S(Q) \tag{1-3}$$

$$L(Q) = (D-Q)^+ = \mu - S(Q) \tag{1-4}$$

$$\prod_r = pS(Q) + v_r I(Q) - l_r L(Q) - T \tag{1-5}$$

$$\prod_s = T - cQ - l_s L(Q) \tag{1-6}$$

$$\prod = \prod_r + \prod_s = pS(Q) + v_r I(Q) - (l_r + l_s)L(Q) - cQ \tag{1-7}$$

其中，μ 为均值，$S(Q)$ 为产品期望销售量，$I(Q)$ 为产品期望库存，$L(Q)$ 为产品期望缺货，$\prod_r$ 为零售商的期望利润，$\prod_s$ 为供应商的期望利润，$\prod$ 为供应链总利润。

对供应链总利润做关于订购量 Q 的偏导，可得到系统最优(即供应链总利润最大)时的最优订货量，如式(1-8)所示：

$$F(Q^*) = \frac{p + l_r - \omega}{p + l_s - \omega} \tag{1-8}$$

改变契约类型就可改变供应商与零售商之间的转移支付 T，从而影响到利润在供应商与零售商之间的分配；契约制定者(供应链主导者)会制定合适的契约通过 T 对契约跟随者进行激励，使其作出的订购量决策或定价决策是使供应链整体利润最大的决策。协调效率、利润分配弹性、签约成本是评价契约优劣的三大指标[10]。

1.2.4 期权契约、两部收费制契约在供应链协调中的研究概况

期权契约允许进行多次能力调整，能有效应对服务供应链系统的变动性；而两部收费制契约是比较适合服务型供应链特点的契约机制，本书将重点应用这两种契约来进行云服务供应链的协调。因此，下面将重点介绍这两种契约的应用和研究状况。

1. 期权契约

供应链的市场环境充满了不确定性，包括供给的不确定性、需求的不确定性以及价格的变动性等。因此，众多研究者聚焦期权契约，试图采用作为金融衍生物的期权契约来实现供应链的风险规避。期权契约分为看涨期权、看跌期权和双向期权契约。其中，看涨期权主要用来应对需求激增导致的能力短缺问题；而看跌期权则用来应对需求短缺导致的能力过剩风险；双向期权兼顾了两者的优点，被用来增强供应链和需求的匹配度。

在基于期权契约的供应链中，零售商可以向供应商购买一定的期权，通过支付期权费，保证未来时点内获得一定的供给，同时将服务或者产品的满足时间推迟到需求到达的时候，所以期权契约被认为是应对需求不确定性的一种比较好的契约。

Luo 等[29]借助期权契约灵活的购买策略制定，实现了一个二级供应链的协调。文中指出，为了缓和风险，惠普会采用灵活的契约来实现供应链的协调，其中，50%会采用传统的契约，35%会采用期权契约，而剩余的15%则采用现货供给来实现，可见灵活的购买决策能更好地应对供应链的需求变动性。Nosoohi 等[30]详细描述了双向期权契约在需求信息和成本信息同时不确定时的优越表现，此时供应链的利润优于单独使用看涨期权或看跌期权，同时期权契约的协调效果也优于批发价格契约。Zhao 等[31]建立了一个预订购和双向期权相结合的期权契约来应对需求的不确定性。值得注意的是，不同于单向期权对供应链的单向风险分担作用，将库存风险传递给期权购买方，双向期权能够做到供应链成员间真正的分担风险，至于究竟是抬高初始的订购量还是降低初始订购量，则取决于双方的博弈。Barnes schuster 等[32]表明期权契约能够给期权的购买者以充分的灵活性来应对市场的不确定性，期权在供应链中的应用更是佐证了期权的执行效果，将一部分的库存风险由零售商转移到供应商，而供应商则从零售商的期权购买行为中窥探出需求的信息。就像批发价格契约被用来应对价格的变动性，而期权契约的价值则体现在应对需求的变动性。Wang 等[33]在有预购策略的应急供应链场景下分析期权契约的协调作用，研究表明期权契约的使用改进了整个供应链的利润，并且在应急供应链协调方面期权契约比回购契约更具优势。

综上所述，期权契约的优势在于：①应对价格风险和数量风险；②将一部分的库存风险从供应商转移给了期权的购买方；③期权契约能够有效应对需求的风险，正如批发价格契约能够应对价格风险。

2. 两部收费制契约

两部收费制契约是一种非线性价格契约，通常由固定的支付费用和按实际使用所应支付的费用这两部分组成。目前，众多非线性价格契约已被应用于供应商和零售商之间的结算，但综合考虑契约的执行成本、管理、议价成本，以及参与契约双方的意愿，两部收费制契约被认为是比较简单、有效的协调机制。另外，通过两部收费制的固定费用参数的设置，可以实现供应链个体之间利润的任意分配。Essegaier 等[34]指出对于服务系统的轻度使用，用户签订固定费用的形式对系统来说比较合适，而对于服务重度使用的用户来说，按使用量计费的方式更为合理，因此使用两部收费制契约的时候，就可以忽略前端用户的性质。Schlereth[35]指出许多的服务提供商包括SaaS服务商、电话和网络服务提供商等都采用两部收费制契约对用户进行收费，而且合适的两部收费制契约可以通过价格优势吸引足够的顾客，从而增大服务提供商的利润。Zaccoura[36]设计了两种需求函数形式：①需求函数只和价格相关；②需求受价格和投放广告的努力水平的共同影响，文中设计了不同的两部收费制契约实现了供应链的协调，研究表明，两部收费制契约能够实现内生需求假设下的供应链协调。

1.2.5 服务供应链协调研究概况

根据Wang等[37]的整理，对服务供应链(service supply chain)的研究可以分为两大类、三大方向。两大类为：包括IT、金融、医疗、旅游、咨询、移动应用、通信等在内的"纯服务供应链(service only supply chain)"；包括物流、餐饮、产品设计与零售、大规模定制等的"服务-产品供应链"[37]。三大研究方向分别是：服务供应管理(service supply management)，服务需求管理(service demand management)，以及服务供应链的协调(the coordination of service supply chain)[37]。表1-3整理了两类服务供应链在三个方向上不同话题出现的频繁程度[37]。

目前为止，涉及服务供应管理与服务需求管理的论文数量要远多于研究服务供应链的协调的论文数量。这说明：①现有服务供应链的研究普遍集中在对"供"或者"需"单方面的研究，服务供应链的协调研究有待加强；②有必要将"供"与"需"结合起来看，实现一个最优的服务供应链系统，而协调机制正是使"供""需"匹配的绝佳方式，因此更需加强研究。

而在所有文献中，博弈论是进行建模分析最常用的工具，契约理论则是解决服务供应链协调问题的常用手段。

表1-3 话题关注程度[37]

范围	话题	供应管理	需求管理	协调
纯服务供应链	外包	*	**	
	移动相关行业	**	*	*
	IT行业	×	***	*
	电力行业	**	×	
	服务能力			×
	服务竞争	*	**	*
	客户服务	×	***	

续表

范围	话题	供应管理	需求管理	协调
服务-产品供应链	特许经营费	*	×	*
	按服务使用量收费的契约	*	**	**
	基于绩效的契约	**	*	**
	服务承诺策略	**	*	*
	产品捆绑保修/售后服务	***	**	*
	服务中断风险	**		
	外包	***	***	**
	服务能力	**	*	×
	服务竞争	**	***	*
	客户服务	***	***	***
	物流服务	**	***	**
	金融服务	×	*	*

注："×"表示不关注;"*"的数量越多,表示关注程度越高。

学术界对物流服务供应链的研究较为活跃,而对 IT 服务供应链(或者说云计算服务供应链)的研究相对较少,两者有一定的共通之处,因此下面先介绍物流行业中契约的应用情况。

So[38]对竞争环境下供应链中的配送服务进行了开拓性的研究。他发现垄断情况下的供应链表现完全不同于竞争情况下的供应链表现。在竞争的环境下,企业提供的物流服务会互不相同。Sharif 等[39]使用半模糊的方法来研究供应链中的第三方物流服务供应商。Jina[40]制定了一个优化模型来探究基于绩效契约的物流服务供应链,从理论上分析了物流服务提供商应如何在此契约下权衡可靠性设计和库存水平。Hu 和 Qiang[41]提出了一个由制造商、网上零售商、快递服务提供商和用户组成的供应链,物流服务的质量是由快递服务供应商决定的,他们确定了在此供应链中每一方的均衡决策。Xu 等[42]研究了允许空设备重新定位的供应链中的海运服务,他们发现空设备的最优重新定位策略很大程度上受到相应成本的影响。Yu 和 Zhang[43]同时使用分析及实证的方法研究了电子商务中的物流服务,他们为在线零售商推导出了许多有趣的结论,并建议其要么战略性地设置航运和基础价格,要么提供不同的航运定价菜单。

Liu 等[44]研究了多周期供应链中物流服务行业的协调机制,他们发现确定的处罚力度有助于确保物流服务质量。他们提出了一些方法,如减少信息不对称,使物流更加清晰,并定期检查潜在的服务质量,以提高物流服务质量。Liu 和 Xie[45]

探讨了服务质量对物流服务供应链实现渠道协调的影响,他们得到的最优服务质量会随用户惩罚的上升而上升。Chenab[46]将物流服务与金融服务结合起来研究,识别出了像UPS这样拥有"UPS资本"的企业存在的问题:物流和金融服务通过第三方物流企业集成,考虑了一个由供应商、有预算约束的零售商、银行、第三方物流公司组成的供应链,发现不同的供应链成员从不同的角度获利——零售商从较低的利率中获利,供应商从庞大的需求中获利,而第三方物流公司从金融服务与物流服务的整合中获利。他们的研究成果为UPS这样集成了金融与物流服务的公司提供理论支持。

1.2.6 信息不对称下的供应链协调研究现状

信息不对称在供应链实践中普遍存在,如成本、客户需求等信息属于零售商的私有信息。通常私有信息往往被一方单独占有,具有私有信息的一方会试图利用私有的信息提升自己的利润,而不具有私有信息的一方则会怀疑持有信息的一方,从而产生供应链利润的损失。因此,信息不对称下的供应链协调研究更具有实践意义。目前,在供应链协调研究中主要聚焦在两种信息的不对称,即成本信息的不对称和需求信息的不对称。而信息不对称下的供应链契约协调主要包括信息甄别和信号传递两种类型的问题。信息甄别是不具有私有信息的一方提供契约,激励拥有私有信息的一方,传递真实的信息;信号传递则是私有信息的持有方为了保持自己的信息优势,通过提供契约将私人信息传递给信息的未知者。

目前,存在众多信息不对称下的供应链契约协调研究,代表性文献主要有Corbett、Lau、Babich等学者的研究。Corbett和Groote[47]在2000年发表的研究论文中,假设零售商的成本结构是私人信息,需求是价格的确定性函数,建立经济批量订货模型进行分析,发现零售商成本信息的不对称导致系统整体效率的降低、制造商的期望成本增加而零售商的期望成本减少。2004年在另外一篇论文中Corbett等提出了供应商如何设计契约激励零售商透露其私有成本信息[48]。Lauab[49]引入了一个报童模型来解决零售商拥有更多市场信息时制造商如何设计契约机制的问题。Babichabbc[50]探讨了处于需求信息劣势的供应商向处于需求信息优势的零售商购买季节性产品的情况,并尝试了批发价格联合转移支付契约以及批发价格联合回购契约等混合契约的形式以期实现供应链的帕累托改进,这种联合的契约方式给了零售商购买产品的自由度,同时也使得契约的主导方能够获得更多的信息租金。Zhou[51]提出了需求受价格影响下的需求信息不对称场景下的单个零售商和单个制造商的问题研究,不同于上述研究的价格外生条件,文中指定了四种不同的数量折扣契约实现了供应链的利润改善。上述研究都属于信息不对称下从信息甄别的角度开展供应链的协调研究。

此外，还有众多学者从信息传递的角度开展供应链契约协调的研究，如 Özer 和 Wei[52]提出采用非线性的转移支付契约和"提前购买+回购"的契约来进行信息传递或者信息甄别，研究了如何实现供应链各成员之间的需求信息共享。其中，供应商需要实现搭建产能来应付零售商未来的订单，而零售商享有对终端市场的私有信息。文中探讨了不同的供应链契约对产能数值和供应商利润分配的影响。研究结果表明，即使是在非对称需求信息条件下，合理的契约依然能够实现供应链的协调，并且指出信息不对称的程度和对风险的态度是导致供应链失效的两个主要因素。郭琼和杨德礼[53]在 Özer 研究的基础上，丰富了原有的供应链契约形式，提出了基于金融风险管控的单向期权契约形式来协调供应链，也得到了比较好的效果。

信息不对称问题不仅存在于传统制造业的产品供应链中，还存在于服务供应链协调中。Spinler[54]将期权契约应用到不可存储货物或数据服务的生产能力决策中，分析了同时存在契约市场与现货市场条件下买卖双方的最优决策问题。Balachandran 和 Radhakrishnan[55]研究了多用户共享一个公共设施时产生的冲突，强调了服务中心的阻塞对管理会计的影响，他们主要用一个 M/M/1 排队模型研究当单位时间等待成本未知时的容量选择问题，最终成功设计了一个能从各分支机构搜集真实信息的成本共担计划。接着，Radhakrishnan 和 Balachandran[56]将他们的模型扩展成了 M/G/1 排队模型，该模型拥有多用户，且每个用户的期望用量都是私有信息，通过削减服务时间的均值和方差可以提升服务能力。Hasija 等[57]研究了话务服务的提供商和终端用户之间的信息不对称，话务服务提供商的服务能力的高低作为私人信息不被终端用户所知。文章采用排队论模型来刻画这个问题，通过加入不同的合同限制，给出了运用信息甄别原理之后的供应链整体利润的变化以及终端用户的利润的变化。研究表明，信息租金随着信息不对称程度的增加而增加，从而导致供应链的整体利润在揭示契约下逐渐地不如混同的契约，但是对终端用户来说揭示契约下的供应链成员的利润一直是大于混同契约下的利润的。李新明和廖貅武[58]研究了免费试用场景下的需求市场和应用服务提供商(application service provider，ASP)的努力水平相关的 SaaS 服务供应链，在假定 ASP 的技术水平是私有信息的基础上，设定采用能力预订的场景，提出了成本和风险共担的契约来实现不对称条件下的服务型供应链的协调，此处改变了传统信息不对称问题中的成本或者需求信息不对称的假定，而是把信息不对称的研究放在了服务水平或者服务能力的不对称方面的研究，这也是服务型供应链和产品供应链的一大区别。

另一个与信息不对称相关的理论是委托代理模型。严格来说，委托代理模型是斯坦伯格模型的一个拓展，是以一个委托人为主导的斯坦伯格博弈，其应用领域广泛，具体表现为如下三个基本问题。①逆向选择问题（adverse selection）——事前信息不对称（hidden knowledge）。Chari 等[59]为次级贷款市场开发了一个逆向选择和声誉模型，允许不同质量水平的贷款发起人（银行）将其部分或全部贷款组合出售给其他金融机构（买家）。银行比那些买家更了解这些贷款违约的可能性。在他们的静态模型中，买家将"已售贷款数量"作为将高质量银行区别于低质量银行的筛选工具，从而达到分离均衡。但是当银行的名声较差且标的资产价值较低时，很有可能达到混同均衡。②道德风险问题（moral hazard）——事后行为不对称（hidden action）。道德风险描述了委托人和代理人的以下合作问题[60]。委托人聘用代理人执行任务，代理人决定他自己的努力程度，而该努力程度会影响到执行效果。委托人只关心执行效果，但是代理人的努力是需要付出成本的，因此委托人不得不替代理人承担部分该费用。若无法观测到努力这一行为，那么委托人最好令该补偿与执行效果挂钩。这通常会带来损失，因为执行效果只是努力与否的一个噪声信号。Chang 等[61]详细讨论了当委托人是风险中性且代理人拥有一个非标准的行为偏好函数时的最优契约。③信号传递问题（signaling）：Spence[62]是第一个提出"市场信号"这个术语的学者，他的研究已经成功地阐述了这个问题。他将教育水平作为信号传递，表明劳动力选择实际上是一个信号发送和决策互动模型，信号只有在一些特定的情况下才是有效的，不对称信息会带来市场无效率。

1.2.7 云计算服务供应链协调研究现状

在学术界，对于云计算的研究被分成了两个不同的视角，但大多数都集中在技术层面，从商业角度出发进行的研究相对较少[63]。而在商业角度的研究中，关于云计算服务供应链协调的研究更是不多见。目前，针对云计算服务供应链协调问题的相关研究，从研究理论框架而言，主要有排队论框架和类似报童模型的框架；而从研究对象而言，主要有三类：一是以独立软件开发商（independent software vendor，ISV）和 SaaS 平台运营商构成的 SaaS 服务供应链或者 IT 服务供应链为研究对象[64]；二是以基础设施提供商（application infrastructure provider，AIP）、平台提供商（application platform provider，APP）或者应用服务提供商（application service provider，ASP）构成应用服务供应链为研究对象[4]；三是以云服务功能提供商（cloud integration provider，CIP）、云服务集成提供商（cloud function provider，CFP）、客户构成的云计算服务供应链为研究对象[65]。(本章中除了特别区分外，AIP、APP、

ASP 分别等同于 IaaS 服务提供商、PasS 服务提供商、SaaS 服务提供商，一定程度可相互替代使用）

云计算服务供应链是一种具有鲜明云计算服务特点的特殊的服务供应链形式，众多学者从不同角度给出云计算服务供应链的定义和结构描述。Frank 和 Freda 等[66]提出的云计算即是一个供应链的说法，将云服务实现过程视为一个供应链，在普通供应链中的各种具体管理活动行为在云计算服务供应链中仍然成立。他们在考虑对方决策的同时，也要考虑如何制定自己的决策才能达到各自与整体利益的双赢，即实现分散决策与整体决策的一致——供应链协调契约。Armbrust 等[67]提出一个基于云服务的 SaaS 供应链框架，在这个框架内，云服务商向云客户（也就是 SaaS 服务商）提供效用计算等基础设施和服务，而 SaaS 服务商通过 Internet 向 SaaS 客户提供机遇网络的应用程序。Pal 和 Pan[68]将云服务供应链定义为多个 SaaS 服务商和多个 PaaS 平台提供商的网状的供应链结构，并在此结构下探讨各个成员之间的博弈行为。Cheng 和 Koehler[69]将云计算服务供应链的最初形态——应用服务供应链定义为由单个应用服务提供商（ASP）和基础服务提供商（AIP）组成的服务型供应链，ASP 通过向 AIP 购买能力为终端云用户提供服务，这是链条式的应用服务供应链。值得注意的是，Vaquero 等[70]讨论了 20 个云计算的定义，指出云服务的供应商是按照基本的服务级别协议（service level agreement，SLA）来保证服务质量（quality of service，QoS）的，SLA 通常承诺云服务的基础设施 99.9%的系统可用性。显然，服务水平这一指标是云服务供应链评价体系的重要组成部分，是供应链契约建模应该考虑的重要因素。

关于计算服务的供需匹配的较早研究是 1985 年 Mendelson 关于计算中心提供的计算服务的定价研究[71]。Mendelson 采用排队论研究了排队延迟以及由此造成的用户等待成本对一个计算中心的服务收益最大化的影响。其中，计算中心作为一个利润中心（profit center），提供计算服务获取利润。在该研究中，考虑了用户拥堵效应——这一计算服务供应链的重要特征，即系统阻塞导致任务被延迟处理，从而阻止了新的用户进入系统——每一个新到达的用户都会给其自身和系统中的其他成员造成更大的等待成本。这是早期关于计算服务的供应链的协调研究，为云服务供应链协调建模提供了重要的思路和模型参数假设，特别是其提出的市场均衡等式是此后从排队论框架下进行云计算服务供应链协调建模需要考虑的关键约束之一。

Cheng 和 Koehler[69]是最早研究 ASP（即 SaaS 服务提供商）决策行为的两位学者，他们分析了一个处于垄断地位的 ASP 的最优定价决策和定价能力决策。通过考虑系统阻塞成本的影响，他们建立了 ASP 与潜在用户之间的动态经济学（economic dynamics）模型，并为 ASP 制定了一组最优定价策略。但该文献并未引入另外两个构成云计算供应链的重要角色——IaaS 服务提供商(亦称 AIP)和 PaaS 服务提供商。2008 年，Demirkan 和 Cheng[72]从供应链的视角，研究了一个 AIP 与一个 ASP 构成的应用服务供应链，讨论不同的合作方式(AIP 主导、ASP 主导以及联合决策)下的协调问题，分析在不同的信息共享和风险分担的情况下供应链的绩效。其中，ASP 向 AIP 购买计算能力，按量付费；ASP 向最终客户销售增值的应用服务，应对价格敏感的随机需求。ASP 的目标是设定最优应用服务价格和采购最优的计算能力，而 AIP 的目标是最大化自身利润。不过，该研究没有从排队论的框架进行研究，也不涉及契约协调机制。2010 年，Demirkan 等[4]将一个由 AIP 和 ASP 构成的 SaaS 服务供应链抽象成一个 M/M/1 排队系统，从任务层面出发，引入了用户等待服务的时间成本(congestion cost)，并用一个"市场均衡等式"描述了服务定价、系统单位时间服务能力对市场需求的影响，分析了涉及不同信息共享方式的协调策略，决策变量是 ASP 的最优能力订购量和 ASP 服务的最优定价，其目的是回答两个问题：①什么是能改善 SaaS 服务供应链的绩效的协调策略；②什么是实现 SaaS 服务供应链及其成员期望利润最大化的协调策略。值得注意的是，Demirkan 等[4]指出 SaaS 服务供应链不同于传统实体供应链的区别在于考虑用户的拥堵效应这一个 SaaS 服务供应链的重要特征，而没有库存管理决策问题，但是二者都存在定价决策问题。不过，Demirkan 等的这篇论文中没有采用供应链契约协调机制，也没有考虑服务水平协议。需要指出的是，Demirkan 等的研究从排队论的视角为云服务供应链协调研究提供了基本的理论研究框架。

Yan 等[73]以 ISV 和 SaaS 平台运营商构成的 SaaS 服务供应链为研究对象开展，分析了阿里巴巴和 Salesforce 这两家公司的经营实践和他们的理论模型，发现收益共享契约能够有效协调 SaaS 供应链。在收益共享契约下，利润在 SaaS 平台提供商与独立软件开发商之间进行分配，他们的目标是寻找是否存在能最大化供应链整体绩效的最优服务价格。Guo 等[74]提出 SaaS 运营商的服务水平(service level)是其私有信息(与其努力程度有关)，基于此构建了一个补偿契约来激励 SaaS 运营商提高其服务水平，实现 ISV 和 SaaS 平台运营商构成的 SaaS 服务供应链的协调。在他们的模型中，服务销售量只受 SaaS 运营商的服务水平影响。文献[75]是郭彦丽和严建援关于 SaaS 服务供应链协调研究的相关成果的专著，重点研究 ISV 和 SaaS 平台运营商构成的 SaaS 服务供应链的协调机制，采用类似报童模型的框架，分别探讨了构建收益共享契约、补偿契约和能力期权契约模型，探讨不同契约对 SaaS 供应链协调的效果，其主要的决策变量是 ISV 的最优服务定价。值得一提的是，郭彦丽在文献[75]中指出，众多学者之前的研究都忽略了 SaaS 服务供应链的一个重要的特殊性——网络效应。她认为网络效应是 SaaS 服务供应链区别于传统产品供应链及传统服务供应链(如物流供应链)的一个重要的网络新经济形态特性，因此，她将网络效应添加到需求端，假定网络用户突破网络容量的临界值后，需求会呈现指数级增长，这对 SaaS 服务供应链的研究是一种新思考，也是该研究的主要特征之一。

上述研究大多都是在正常服务下的协调机制研究。但是，突发的云服务系统宕机、意外服务中断等问题是云服务提供商面临的重要问题，即使是当今最大、最好的云服务提供商也在所难免，这严重地影响了客户对云计算服务应用的信心。例如，微软的 Azure 在 2014 年 8 月 18 日服务中断约 5 小时，2014 年 11 月 26 日 Amazon Web Services CloudFront DNS 服务器宕机约 2 小时。

因此，服务中断条件下的云计算服务供应链协调机制研究是云计算服务供应链管理领域的重要课题。不过，目前只有少数学者关注这一问题。较有代表性的是严建援和鲁馨蔓的研究[65]，他们以一个云服务功能提供商（cloud integration provider，CIP）、一个云服务集成提供商（cloud function provider，CFP）、多个潜在客户构成的三级云计算服务供应链为研究对象，引入因服务中断对客户的补偿策略，提出供应链上下游成员之间的成本与风险分担协调机制，并分析了信息对称和信息不对称下的协调机制的作用。在服务中断概率信息对称的情况下，以免费试用期 CIP 的努力水平为决策变量，设计赔偿成本和努力成本共担的方式来实现云服务供应链的协调。而在服务中断概率信息不对称的情况下，以 CIP 的努力水平和预定的服务能力为决策变量，采用成本和风险共担的契约来实现供应链的协调，该研究采用了类似报童模型的框架。其中，值得注意的是，该研究的一个主要特征是假设云服务市场需求是依靠免费试用来实现的，即 CIP 向 N 个客户提供免费试用服务，潜在客户通过试用决定是否租用云服务，客户采用云服务的概率取决于两个因素：服务中断概率和 CIP 免费期内的服务水平（CIP 的决策变量）。需要指出的是，在严建援和鲁馨蔓的研究中[65]，CIP 是云服务供应链上的核心企业，包括提供 SaaS、PaaS 和 IaaS 服务的成熟参与者和新进入的参与者；CFP 为 CIP 提供相关的辅助功能，包括关键技术提供者、推动者、网络服务提供商、电力提供商等；客户即指使用云服务集成提供商所提供的云计算服务的终端企业用户。

还有不少学者从接近于协调的经济角度来研究云计算服务供应链，具有参考价值。Pal 和 Pan[68]研究了一个存在多个公有云提供商的云计算市场，无论是在提供给用户的应用程序类型还是服务质量（quality of service，QoS）上，这些公有云提供商提供相似的服务。在该文章中，他们将问题抽象成不同云提供商之间的非合作的"价格 QoS"博弈，并且证明了存在唯一的纳什均衡解（Nash equilibrium，NE）。虽然在经济领域，对组织间"价格 QoS"博弈的研究并不新颖，但是他们通过排队理论将网络元素融入到了"价格 QoS"博弈当中，并对该拥有互联网服务特征的"价格 QoS"博弈模型进行了分析。Anselmi 等[76]提出了一个研究云计算市场价格竞争和阻塞的模型。在该市场上,用户从 SaaS 提供商处购买服务,SaaS 提供商则从 PaaS 或 IaaS 处购买计算资源。在每一层,他们都定义了市场均衡。在选择 SaaS 提供商时,用户是价格及性能敏感的,而 SaaS 应用的性能绝大部分取决于后端的 IaaS/PaaS。他们认为,用户体验到的服务性能受 SaaS 选择的 IaaS/PaaS 处资源阻塞程度的影响,而阻塞现象是"专用资源"和"共享资源"阻塞共同作用的结果。专用资源(dedicated resources)处的阻塞只取决于从 SaaS 提供商处传来的任务流,而共享资源(shared resources)处的阻塞受 IaaS/PaaS 处所有任务量的影响。

1.2.8 信息不对称下的云计算服务供应链协调研究现状

早在 Google 于 2009 年正式提出"云计算"这个概念之前,Kern 等[77]就已经对 SaaS 的雏形进行了研究,他们称其为"应用服务供应"(application service provision),企业可以通过互联网租用企业级应用。他们指出,虽然这种新的 IT 采购模式包含很多优点,如更低的总拥有成本、更少的内部 IT 员工、更快的应用程序交付、可扩展的解决方案和优质的现金流,但是同样存在许多风险,例如,供应商拥有过大权力、供应商夸大自己的能力、供应商遭遇分包商问题以及用户关注的互联网安全性和可靠性问题。他们认为信息不对称是产生上述企业用户使用应用服务外包风险的主要原因。风险包括由提供商在初始时期投资的服务能力的信息不对称引起的服务供应商选择问题,以及在外包过程中由于提供商服务成本的信息不对称引起的供应商激励问题。

目前,只有少数的研究同时考虑了云服务供应链的协调问题及信息不对称问题。李新明等[78]认为 SaaS 供应链的需求是通过免费试用实现的。免费试用期间 ASP 的技术能力和努力水平会影响接受在线服务的潜在用户数量。因此 AIP 在制定协调策略的时候要将上述因素考虑在内。李新明和廖貅武在他们的另一篇文章[58]中提出了在信息不对称的情况下,AIP 可采用服务能力预定策略避免低技术能力 ASP 的机会主义行为,并可通过成本与风险共担的组合契约激励 ASP 提高免费试用的努力水平和提高服务能力订购量,从而使免费试用的效果达到整体最优,实现 SaaS 服务供应链的协调。而严建援和鲁馨蔓[65]则考虑 1 个 CIP 和 1 个 CFP、N 个潜在客户构成的供应链中,在服务中断概率信息不对称的情况下,以 CIP 的努力水平和预定的服务能力为决策变量,采用成本和风险共担的契约,实现供应链的协调。

1.2.9 现有云计算服务供应链协调研究的特点与不足

云计算服务供应链协调研究的特点与不足如下。

(1)云计算服务供应链协调机制的研究主要采用基于排队论和报童模型的研究框架为主,但云计算服务供应链建模考虑的因素和参数的设定云计算特色不鲜明,特别是没有很好地将宏观层面的管理决策问题与微观层面的云计算运作特点结合起来。

云计算技术本身及其催生的商业模式具有以下特征。基于用户与技术角度分析,云计算具有随时获取、按需弹性伸缩、按需使用、按使用量收费的优点,具有高可靠性、高性能、高可伸缩性、低功耗、高集成度、低成本以及高易用性等特点,为云计算赢得了大片市场。同时,基于产业经济学的角度分析,作为一种特殊的服务型供应链,云计算服务产业链有传统供应链的共性,也有其特有的经济学特征。工信部在《中国云计算技术和产业体系研究与实践》一书中总结了云计算的产业经济学特征,包括边际成本递减、边际收益递增、网络外部性、规模经济性,以及平台和服务锁定性[79]。其中,网络外部性指网络的价值与其用户数量的平方成正比,云平台的价值和效用随着购买这种服务的消费者数量的增加而不断增加。这种网络效应一般会有比较长的引入期,然后才能爆炸性增长,最终达到临界容量(critical mass),便能迅速统领市场。

只有在建模的时候充分考虑以上特点,将云计算服务供应链模型区别于其他产品供应链或服务供应链,才能得出有实际参考价值的分析结论。

(2)从研究对象角度,目前典型的云计算服务供应链协调相关研究主要有三类,一是由 ISV 和 SaaS 平台运营商构成的 SaaS 服务供应链或者 IT 服务供应链为研究对象,以郭彦丽、严建援等学者为代表[75];二是以 AIP、APP 或者 ASP 构成应用服务供应链为研究对象,以 Demirkan 等学者的研究为代表[4,72];三是以云服务功能提供商(CIP)、云服务集成提供商(CFP)、客户构成的云计算服务供应链为研究对象[65]。第一、二类研究发生在云计算尚未诞生或者处于起步阶段,因而云计算特色不鲜明。第三类研究发生于云计算已经处于发展之中并逐渐成为主流之时,但不涉及 SaaS 服务提供商、PaaS 服务提供商或者 IaaS 服务提供商之间的博弈,而随着云计算服务供应链分工专业化,这一部分博弈对于云计算服务供应链的协调运作至关重要。因此,研究以 SaaS 服务提供商、PaaS 服务提供商/IaaS 服务提供商构成的云计算服务供应链的协调策略将具有重要的学术价值和现实意义,而这正是本书的研究课题。此外,这三类研究的供应链建模均未综合考虑以下反映云计算特征的因素,以充分体现云计算服务的特色,即考虑能力易逝性、迁移成本、服务可得性、客户的感受效应、SLA 协议等因素,以体现云计算即买即用、按需订购、按量付费等特征。

(3)用户拥堵效应、服务中断等是云计算服务供应链有效运作要考虑的重要因素,因此,考虑用户拥堵成本、服务中断概率等信息不对称条件下的云计算服务供应链协调研究,仍然是云计算服务领域面临的重要问题和研究的热点。

(4)按量付费和按时付费都是云计算服务的特点,但是目前以按量付费的研究为主,考虑按时付费的研究并不多见。

(5)目前的研究大多是假设云计算服务能力无限,而实际上云计算能力的弹性是以系统的迁移和配置为基础,也是需要一定迁移、配置成本的,属于有限制的能力弹性,因而考虑能力有限制的情况下进行供需匹配视角的云计算服务供应链协调研究,是一个重要的研究领域,但相关研究并不多见的。

(6)随着云计算发展成为计算服务的主流,云计算服务供应链中一些 SaaS 服务提供商拥有巨大的客户群体,供应链话语权增强,如何选择合适的 AIP/APP 成为 SaaS 服务提供商面临的重要问题,也是云计算服务供应链协调研究的关键领域,但相关研究并不多见,特别是综合考虑服务可靠性、网络效应,以及技术水平和价格等信息的不对称等因素的 AIP 选择研究更是鲜见报道。作为 SaaS 服务提供商的苹果云应用服务平台拥有数量巨大的客户群体,2016 年选择了世界排名第三的谷歌云平台而不是亚马逊、微软的云平台,其合同价值在 40~60 亿美元之间[80]。显然,苹果公司如何在服务可靠性、技术水平和价格等信息不对称情况进行 AIP/APP 的选择,并实现多方共赢,则显得尤为重要。

1.3 研究目标和内容

本书主要是以 AIP/APP 和 ASP 构成的二级云计算服务供应链为研究对象,从供需匹配的角度,提出基于供应链契约的云计算服务供应链的协调策略研究课题,目的是针对即买即用、按需定制、按量付费的云服务模式的特点,设计适用于云计算服务供应链的契约,理解云计算服务链的运作机理和契约协调效率,认识影响云服务供应链运作绩效的关键因素,为优化设计云服务供应链的运作模式、协调策略提供理论依据,为实现高效率供需匹配提供理论依据。

本书研究框架如图 1-11 所示,各个章节的研究重点如表 1-4 所示。

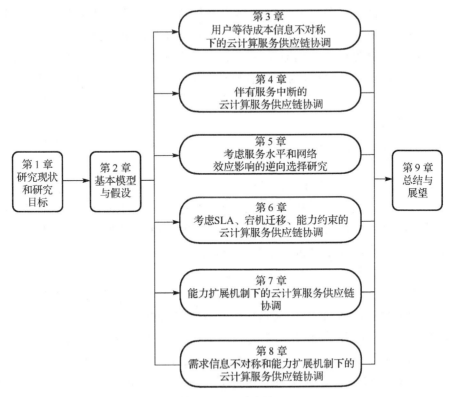

图 1-11 研究框架

表 1-4 主要章节研究重点

	云计算服务供应链常见问题						主导者	供应链结构	理论框架
	能力限制	收费模式	服务中断	网络效应	SLA	不对称信息			
第3章	无	按量	—	—	是	用户等待成本	AIP	一对一	排队论
第4章	无	按时	是	—	是	—	AIP	一对一	排队论
第5章	无	按量	是	是	是	AIP的技术水平	ASP	多对一	排队论
第6章	有	按量/按时	是	是	是	—	ASP	一对一	排队论
第7章	有	按量	是	—	—	—	ASP	一对一	报童模型
第8章	有	按量	是	—	是	需求信息	AIP	一对一	报童模型

各章节具体内容如下。

第1章为绪论。介绍了本书的研究背景与意义，在综合分析国内外相关研究现状的基础上，提出了本书的主要研究内容及思路。

第 2 章为云计算服务供应链的基本模型与假设。结合商业实践,为本书定下云计算服务供应链的基础结构,统一术语,并将商业模型转换成数学模型。

第 3 章为用户等待成本信息不对称下的云计算服务供应链协调。本章需解决的问题是:平台提供商(AIP)为主导者,而跟随者应用提供商(ASP)由于更接近市场,拥有与市场相关的私有信息——用户等待成本,AIP 需指定合适的机制激励 ASP 分享真实的用户等待成本。先分析 ASP 在简单批发价格下谎报市场信息的可能性与趋势,再分别探讨固定批发价格下的收益共享契约和改变 AIP 收费结构这两种方法成功激励 ASP 分享真实信息的可能性。

第 4 章为伴有服务中断的云计算服务供应链协调。本章需解决的主要问题是:存在由于 AIP 异常引起服务中断的情况时,作为主导者的 AIP 应该设计怎样的契约以实现供应链的协调?先对基础模型进行拓展,使其体现服务中断现象,接着尝试设计补偿契约,经过分析得出协调条件。

第 5 章为考虑服务水平和网络效应影响的逆向选择研究。本章需解决的主要问题是:当市场上存在技术水平层次不齐的平台提供商且技术水平为其私有信息时,作为主导者的 ASP 要如何从中挑选出高水平的 AIP 进行合作?本章假设 AIP 的服务水平是其技术水平和努力水平共同作用的结果,并综合考虑网络效应对决策的影响,先进行完全信息下的契约设计,得出协调条件,再探讨 AIP 技术水平信息不对称时上述契约协调供应链并实现不同水平 AIP 分离均衡的可能性。

第 6 章为考虑 SLA、宕机迁移、能力约束的云计算服务供应链协调。本章主要解决的问题是:考虑存在网络负外部性、迁移成本、服务中断、能力约束、SLA 合同等因素的云服务供应链如何实现协调?本章建立一个和宕机风险、客户感受效应、网络延迟相关的市场均衡等式,根据云服务的特点,考虑了针对 ASP 和 AIP 的具体的 SLA 合同协议,并将其融入到供应链的各个成员的利润函数中。在验证了按时间付费的简单批发价格契约无法实现分散场景下的云服务供应链协调的基础上,提出了符合云服务计价特点的"预付+按需"的两部收费制契约来实现供应链的协调,通过数值分析解释了模型的有效性。

第 7 章为能力扩展机制下的云计算服务供应链协调机制研究。本章主要解决的问题是:如何在考虑资源供应风险、服务延迟成本、能力易逝性等条件下,寻找最优的初始订购量,并在需求超过能力时设计有效的能力扩展策略实现高效率的供需匹配?本章在传统报童模型的基础上,突出网络服务延迟、能力弹性、能力不可存储、供给风险等特性,提出了体现云计算特征的供应链模型。通过"预订+能力柔性扩展"的能力供给策略,调节供给来迎合需求,提出双向期权契约来灵活控制能力的供给,以应对外部市场的需求变动性,研究表明双向期权契约能有效实现供应链的协调，同时也证明了"预订+能力扩展策略"的优越性。

第 8 章为需求信息不对称和能力扩展机制下的云计算服务供应链协调研究。本章主要解决的问题是：在需求信息不对称和"能力预订+能力扩展"机制下，AIP 如何通过设计有效的供应链契约实现 ASP 私有需求信息的信号揭示，改进信息不对称情况下的供应链失效问题，以控制需求端的策略来实现供应链更佳的供需匹配。本章在集成云计算服务供应链特点的报童模型框架下，将视角聚焦在需求端的风险控制，即 ASP 独占云端供应链的私有需求信息，建模分析了分散场景下供应链失效的原因，并运用信号揭示原理，提出了有区分度的两部收费制契约来实现需求信息不对称的 ASP 行为管控，实现云服务供应链利润的帕累托改进，并解释了特殊情景下供应链能够实现信息不对称下的供应链协调的原因。

第 9 章为总结与展望。总结全文，并对未来的工作进行展望。

第 2 章 云计算服务供应链的基本模型与假设

2.1 基础结构

中国工业和信息化部电子科学技术委员会软件和信息服务业专业组将云计算产业链进行了总结,如图 2-1 所示,其中,云计算服务提供商是该产业的核心,根据服务层次的不同可分为基础设施即服务(IaaS)、平台即服务(PaaS)和软件即服务(SaaS),它们与传统的通用软件模式的区别如表 2-1 所示[79]。

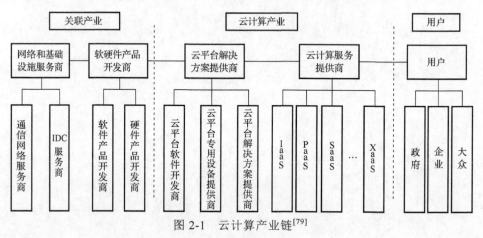

图 2-1 云计算产业链[79]

表 2-1 不同的 IT 服务模式提供的服务范畴对比表

	通用软件	基础设施即服务(IaaS)	平台即服务(PaaS)	软件即服务(SaaS)
应用	√	√	√	*
数据	√	√	√	*
运行环境	√	√	*	*
中间件	√	√	*	*
操作系统	√	√	*	*
虚拟化技术	√	*	*	*
服务器	√	*	*	*
存储	√	*	*	*
网络	√	*	*	*

注:"√"表示用户自己管理;"*"表示由服务提供商负责管理。

SaaS 是指服务提供者采用多租户(multi-tenant)方式通过网络把程序传给成千上万的用户。从提供商来看这样只需要维持一个程序就够了；从用户来看，不再需要购买软件产品并安装在自己的计算机或服务机器上运行，而是通过瘦终端和网络直接向专门的提供商获取带有相应软件功能的服务，并按使用付费。典型的 SaaS 应用包括各种工具性服务(邮件、网络会议、在线杀毒等)和各种管理型服务(在线 ERP、在线 CRM、在线项目管理等)。典型的在线应用提供商如 Salisforce.com、GigaVox 以及 Google。

PaaS 是指把开发、部署环境作为服务来提供。PaaS 提供者将应用设计、应用开发、应用测试和应用托管作为服务提供给 PaaS 用户，通常为应用程序开发者(ISV)。PaaS 用户可以创建自己的应用软件并部署在提供商的环境中运行，然后通过网络从提供商的服务器上传递给最终用户。PaaS 降低了 SaaS 应用开发的门槛，提高了开发的效率。典型的 PaaS 平台如 Google App Engine、Microsoft Azure、Force.com、Heroku、Engine Yard。

IaaS 提供商把处理器、I/O 设备和其他 IT 基础设施集中形成虚拟资源池，获得高度可扩展和按需变化的 IT 能力，以服务形式为最终用户、SaaS 提供商或者 PaaS 提供商提供服务。IaaS 的用户可以据此部署和运行任意软件，包括操作系统和应用程序，他们不能管理或者控制底层的基础设施，但可以控制操作系统、存储、部署的应用。典型的 IaaS 平台如亚马逊的 AWS、Rackspace 的 NASA Nebula 以及 Dropbox。

一条完整的云计算服务供应链如图 2-2 所示，IaaS 为上层的 PaaS 提供硬件服务，PaaS 为 SaaS 应用提供良好的开发和部署环境，三者满足上层租用下层资源的链带关系，最终的用户通过网络运营商(network provider，NP)获得三种云服务中的任何模式。

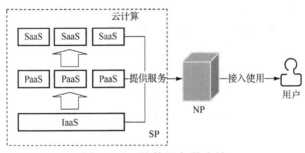

图 2-2 云计算服务供应链

IaaS、PaaS 以及 SaaS 服务的提供商可总称为服务提供商(service provider，SP)。在传统的互联网模式下，提供网络传输的 NP 是独立于 SP 的，SP 要租用 NP 的基础设施来向用户提供服务。云计算平台的开放性和可扩展性却使得用户接入网络更加随意，服务更加灵活，互联网的发展将会呈现接入用户不再需要支付接入费用，而只需向 SP 支付服务费用。因此，本书模型将不考虑 NP，一条完整的三级云计算服务供应链构成可简化成图 2-3 的形式。

图 2-3　完整的三级云计算服务供应链

但是，商业实践表明，目前的云计算服务供应链中三大角色的分工存在着极大程度上的重叠，例如，Google 既是 IaaS（基础设施服务）提供商，也是 PaaS（平台服务）提供商，还是 SaaS（软件服务）提供商；IBM 既提供平台搭建服务，也提供一些云应用服务，三者并非一定存在依赖关系。

此外，为了更全面地满足使用者的研发、测试、部署、维护或者其他使用需求，PaaS 与 IaaS 平台的功能正逐渐趋同，界限已不再清晰。例如，Gartner 咨询公司在其近期的一份报告[81]中指出：" IaaS 提供的不仅是硬件资源本身，还提供这些资源的自动化管理服务、管理工具服务和云软件服务。最后一项包括中间件及数据库服务，与 PaaS 的功能相近。"因此，更常出现的云计算供应链结构为如图 2-4 所示的二级云计算服务供应链。

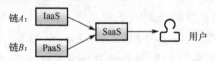

图 2-4　主流二级云计算服务供应链

综上，本书将研究的云计算服务供应链上的角色简化为三类，并统一称谓：云平台提供商（AIP/APP），应用提供者（也称"SaaS 提供者"，"云用户"，ASP），以及终端用户（也称"SaaS 用户"）。SaaS 提供商从云平台提供商处取得效用计算，为终端用户提供 SaaS 服务（在线应用）；云计算就是效用计算与 SaaS 服务的总称。最终确定的云计算服务供应链的结构及命名如图 2-5 所示，且为简化书写，本书统一用 AIP 指代所有类型的云平台提供商（AIP/APP）。

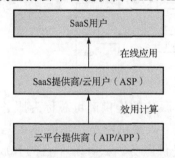

图 2-5　本书中云计算服务供应链的结构及命名

2.2 基础假设及基础模型

本书在排队论框架下研究的云计算服务供应链基础模型是由 1 个 AIP 和 1 个 ASP 组成的二级服务供应链，如图 2-6 所示。ASP 面临一个由众多用户构成的随机的市场需求。计算机系统中需求的随机性主要是指任务到达时间的随机性(负指数分布、Erlang 分布等)和任务类型的随机性(计算密集型、存储密集型、I/O 密集型等)。为了便于研究，本书假设所有任务的任务类型相同，都是计算密集型的任务，且采取大多数研究者常用的计算机系统任务模型，假设任务到达系统的间隔时间和 ASP 处理每个任务的服务时间均服从负指数分布，且相互独立，任务在处理器繁忙时采取等待机制，则一个 ASP 与多个企业用户的多个任务组成典型的单服务窗等待制排队模型 M/M/1。

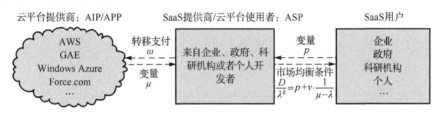

图 2-6 一对一的二级等待制 M/M/1 排队模型

假设 1：任务流为泊松流，泊松流强度(即单位时间到达 ASP 的任务个数)记作 λ；ASP 向 AIP 租赁的处理能力为 μ，即 ASP 单位时间能够处理 μ 个任务，这与 ASP 向 AIP 租赁的实例类型有关，且满足 $\lambda \geq 0$，$\mu > \lambda$，以保证该排队系统的稳定。

假设 2：(按任务数收费)ASP 向用户收取单个任务 p 的处理费用。参考文献[4]，任务的边际价值具有如下形式：$V'(\lambda)=D/\lambda^k$，常数 $D>0, 1>k>0$。$V'(\lambda)$ 表示用户增加一单位任务为其带去的收益，在考虑用户延迟成本的情况下，用户申请处理单个任务的总成本为 $(p+v/(\mu-\lambda))$。其中，v 表示用户单位时间延迟成本，$T(\lambda,\mu)=1/(\mu-\lambda)$ 表示上述排队系统中每个任务的期望等待时间。从长期来看，当用户通过 ASP 提供的 SaaS 服务处理单个任务得到的收益等于其为处理该任务付出的总成本时，排队系统达到动态平衡，即任务到达率 λ 被稳定在一定水平。此时，市场均衡条件为

$$V'(\lambda)=D/\lambda^k=p+v/(\mu-\lambda) \tag{2-1}$$

假设 3：AIP 向 ASP 收取的单位计算能力租赁价格为 ω，则单位时间内发生在 AIP 与 ASP 之间的支付转移为 $\omega\mu$。

假设 4：AIP 提供 μ 单位计算能力的成本为 $C(\mu)=c\mu+e\mu^2$。参数 c 表示 AIP 提供计算能力的单位时间边际成本（可近似折算成 AIP 向硬件供应商购买单位计算能力的成本均摊到使用年限的单位时间成本）；参数 e 表示单位时间的经济不规模参数，这部分成本是由于增长的基础设施管理成本和业务模式复杂度引起的，规模越大，管理维护成本越高[4]。

因此，结合市场均衡条件，可得 AIP、ASP，以及整条云计算服务供应链的单位时间期望利润函数分别为

$$\pi_{AIP} = \omega\mu - (c\mu + e\mu^2) \tag{2-2}$$

$$\pi_{ASP} = p\lambda - \omega\mu \tag{2-3}$$

$$\pi_{SC} = \pi_{AIP} + \pi_{ASP} = p\lambda - (c\mu + e\mu^2) \tag{2-4}$$

$$\text{s.t.} \quad \frac{D}{\lambda^k} = p + v \cdot \frac{1}{\mu - \lambda}, \quad \mu > \lambda \geq 0 \tag{2-5}$$

第 3 章 用户等待成本信息不对称下的云计算服务供应链协调

3.1 引 言

1870 年开始的非古典经济学的主要假设是自利，即个人利益最大化。在本书描述的云计算服务供应链中，由于应用提供商(ASP)比平台提供商(AIP/APP)更贴近细分市场，更清楚用户任务的特性(如用户的等待成本)，所以在信息不完全透明的情况下，ASP 很有可能为了获取更多的利润向 AIP 传达错误的市场信息，导致先行动者 AIP 的利益和整体利益受损，使协调失败。

因此，本章以 AIP 主导的二级云计算服务供应链为研究对象，以 ASP 私有用户等待成本 v 为研究视角，通过严格的数学推导和数值验证，力图分析 ASP 传递错误信息的可能性及趋势，并设计合适的机制抵制 ASP 的这种投机行为。

3.2 模 型 假 设

在第 2 章的基础假设上增加以下假设。

假设 5：由 AIP 负责制定契约来协调供应链，AIP 与 ASP 的成本信息完全透明，但是市场信息部分透明，即 AIP 知道市场均衡条件的表达式(2-1)，但不知道其中的三个需求相关常量 D、k、v 的具体数值。为使分析有重点，本章仅以用户等待成本信息 v 不对称为例进行分析，即 D、k 为公共知识，v 为 ASP 的私有信息。AIP 制定契约前需向 ASP 了解 v 的具体值。

3.3 问 题 分 析

AIP 与 ASP 之间的博弈过程如下。

阶段 1：ASP 向 AIP 上报与市场需求相关的信息，主要是 $\tilde{v}$。

阶段 2：AIP 根据掌握的信息，以协调供应链为目标，制定相关契约。当 AIP 相信 $\tilde{v}=v$ 时，得到市场均衡等式为 $D/\lambda^k = p+\tilde{v}/(\mu-\lambda)$。为得到全局最优解，需满足以下一阶条件：

$$\begin{cases} \dfrac{\partial \pi_{SC}(\mu,\lambda)}{\partial \mu} = \dfrac{\tilde{v}\lambda}{(\mu-\lambda)^2} - c - 2e\mu = 0 \\ \dfrac{\partial \pi_{SC}(\mu,\lambda)}{\partial \lambda} = D(1-k)\lambda^{-k} - \dfrac{\tilde{v}\mu}{(\mu-\lambda)^2} = 0 \end{cases} \quad (3-1)$$

同时，AIP 知道，ASP 为达到其自身最优利润，需满足以下一阶条件：

$$\begin{cases} \dfrac{\partial \pi_{ASP}(\mu,\lambda)}{\partial \mu} = \dfrac{\tilde{v}\lambda}{(\mu-\lambda)^2} - \omega = 0 \\ \dfrac{\partial \pi_{ASP}(\mu,\lambda)}{\partial \lambda} = D(1-k)\lambda^{-k} - \dfrac{\tilde{v}\mu}{(\mu-\lambda)^2} = 0 \end{cases} \quad (3-2)$$

理论上，当式(3-1)和式(3-2)的解相等时，就能实现该云计算服务供应链的协调。联立式(3-1)和式(3-2)，可知使供应链最优的 AIP 的单位计算能力定价需满足式(3-3)：

$$\omega^* = c + 2e\mu^*(\tilde{v}) \quad (3-3)$$

阶段 3：ASP 根据 AIP 给出的合同以及真实的市场需求情况（主要是 v）确定自己的最优市场定价及计算能力订购量 $\{p_{ASP}^*, \mu_{ASP}^*\}$；

阶段 4：市场需求按真实的等待成本 v、ASP 策略 $\{p_{ASP}^*, \mu_{ASP}^*\}$ 等实现；AIP 与 ASP 根据契约获得各自利润。

由于只有 ASP 掌握了真实的市场需求信息，就会产生以下担忧。

问题 1：上述简单的固定批发价格契约真能实现供应链的协调吗？

问题 2：ASP 是否会为了提升自己的利润谎报 $\tilde{v}$？如果会，ASP 是会报大还是报小 $\tilde{v}$ 呢？

我们可以通过数值分析来回答以上问题。表 3-3 和表 3-4 分别展现了信息完全透明时集中决策的最优解，以及信息不完全透明、ASP 有投机行为时的集中决策最优解。初始参数取值如表 3-1 所示，核心求解过程列于表 3-2 中。表 3-3 对应的情况是 ASP 共享真实的用户单位时间等待成本，即 $\tilde{v}=v$，然后 AIP 据此做决策。表 3-4 对应的情况是真实的用户等待成本 $v=0.1$，ASP 共享的是虚假信息 $\tilde{v}$，但是 AIP 不知情，仍按 ASP 上报的 $\tilde{v}$ 以集体最优为目标制定最优批发价格 $\omega^* = c + 2e\mu^*(\tilde{v})$，结果导致表 3-4 中的 ω 与表 3-3 中的 ω 一一对应相等，但是表 3-4 中的其他指标均发生了变化。$\rho=\lambda/\mu$ 表示该系统的利用率。

第3章 用户等待成本信息不对称下的云计算服务供应链协调

表 3-1 数值探究的初始参数设定

D	k	c	e	v
1	0.5	1	1	0.1

表 3-2 两种情形下的核心决策过程

	对应表 3.3	对应表 3.4
目标函数	$\underset{p,\mu,\lambda}{\text{Max}}\ \pi_{SC} = p\lambda - (c\mu + e\mu^2)$	$\underset{p,\mu,\lambda}{\text{Max}}\ \pi_{ASP} = p\lambda - \omega\mu$
约束条件	$\dfrac{D}{\lambda^k} = p + \tilde{v}\cdot\dfrac{1}{\mu-\lambda},\ \tilde{v}=v$	$\dfrac{D}{\lambda^k} = p + v\cdot\dfrac{1}{\mu-\lambda},\ v\equiv 0.1$
契约参数	$\omega^* = c + 2e\mu^*$	与表 3.3 中的 ω^* 对应相等
其他利润函数	式(2-2),式(2-3)	式(2-2),$\pi_{SC} = \pi_{AIP} + \pi_{ASP}$

表 3-3 信息对称时的最优决策

$\tilde{v}$	λ^*	μ^*	ρ^*	p^*	ω^*	π^*_{AIP}	π^*_{ASP}	π^*_{SC}	π^*_{AIP}/π^*_{SC}	π^*_{ASP}/π^*_{SC}
0.04	0.055	0.100	0.562	3.324	1.196	0.010	0.066	0.076	0.127	0.873
0.06	0.040	0.090	0.470	3.664	1.171	0.007	0.047	0.054	0.135	0.866
0.08	0.029	0.075	0.394	4.068	1.149	0.006	0.034	0.039	0.141	0.859
0.10	0.021	0.065	0.328	4.569	1.129	0.004	0.024	0.028	0.148	0.852
0.11	0.018	0.060	0.298	4.871	1.119	0.004	0.020	0.023	0.151	0.849
0.12	0.015	0.055	0.270	5.217	1.110	0.003	0.016	0.019	0.155	0.845
0.13	0.012	0.050	0.244	5.620	1.101	0.003	0.013	0.016	0.158	0.842
0.14	0.010	0.046	0.218	6.095	1.092	0.002	0.011	0.013	0.161	0.839
↑	↓	↓	↓	↑	↓	↓	↓	↓	↑	↓

表 3-4 信息不对称、ASP 有机会主义时的最优决策

$\tilde{v}$	λ^*_{ASP}	μ^*_{ASP}	ρ^*_{ASP}	p^*_{ASP}	$\omega^*(\tilde{v})$	π^*_{AIP}	π^*_{ASP}	π^*_{SC}	π^*_{AIP}/π^*_{SC}	π^*_{ASP}/π^*_{SC}
0.04	0.017	0.054	0.308	5.079	1.196	0.008	0.020	0.02753	0.279	0.721
0.06	0.018	0.058	0.316	4.883	1.171	0.007	0.021	0.02779	0.235	0.765
0.08	0.020	0.061	0.322	4.717	1.149	0.005	0.023	0.02794	0.192	0.808
0.10	0.021	0.064	0.328	4.569	1.129	0.004	0.024	0.02798	0.148	0.852
0.11	0.022	0.066	0.331	4.501	1.119	0.004	0.024	0.02797	0.125	0.875
0.12	0.023	0.068	0.334	4.435	1.110	0.003	0.025	0.02794	0.102	0.898
0.13	0.023	0.069	0.337	4.371	1.101	0.002	0.026	0.02788	0.077	0.923
0.14	0.024	0.071	0.339	4.309	1.092	0.001	0.026	0.02781	0.028	0.052
↑	↑	↑	↑	↓	↓	↓	↑	⌢	↓	↑

对比表 3-3 和表 3-4,可以发现如下特点。

(1) 从表 3-3 中可以看出,为使整体利润最大化,AIP 制定的单位能力售价 $\omega(\tilde{v})$

随 ASP 上报的 $\tilde{v}$ 的增大而减小，因此，ASP 有报大 $\tilde{v}$ 的动机，以获得更低的服务能力租赁价格。

(2) 从表 3-4 中可进一步看出，在分散决策下，随着上报的 $\tilde{v}$ 的增大，ASP 获得的利润 π_{ASP}^* 增大，而 AIP 获得的利润 π_{AIP}^* 逐步减小；供应链总利润 π_{SC}^* 却呈现先增后减的趋势，且当 ASP 上报的 $\tilde{v}=v$ 时，π_{SC}^* 达到最大。ASP 报大 $\tilde{v}$ 后（$\tilde{v}>v=0.1$），虽然能以更低的服务能力租赁价格（$\omega^*(\tilde{v})\downarrow$）获得更大的计算能力（$\mu_{ASP}^*\uparrow$），并以更低的价格（$p_{ASP}^*\downarrow$）将增值服务销售给更大的市场（$\lambda_{ASP}^*\uparrow$），使自己的利润高于上报真实信息时的相应利润，但是损害了 AIP 的利益，且当 $\tilde{v}>v=0.1$ 时，AIP 利润减少的幅度大于 ASP 利润增加的幅度，导致供应链总利润在 $\tilde{v}=v=0.1$ 处达到最大值后又呈现下降趋势。因此，作为供应链的协调者，AIP 更应该设定有效的机制，诱使 ASP 上报真实的市场相关信息，作出整体最优的定量定价决策，最大化供应链总利润这块蛋糕。

(3) 观察表 3-3 和表 3-4 可知，无论是信息对称下的最优决策还是信息不对称下的最优决策，AIP 利润所占供应链总利润的比例均很低，作为该供应链上较为强势的一方，AIP 肯定不会接受这种结果，即 AIP 不会满足于这种简单的批发价格契约。

(4) 综上所述，简单的批发价格契约既不能起到协调供应链的作用（因为 AIP 不会接受），又不能遏制 ASP 的机会主义行为，因此，AIP 需要采取更合适的契约同时达到上述两个目的，即在协调供应链的同时能防止 ASP 谎报市场相关信息。

3.4 契约设计

3.4.1 收入共享契约

收入共享契约是一种在传统供应链中常用的协调手段，把它运用到云计算服务供应链中有一定的合理性：ASP 在 AIP 提供的平台上进行软件的开发、部署、运营和维护整个过程，除服务器租赁外，ASP 需向 AIP 缴纳一定比例的软件销售收入，以平衡 AIP 平台为其提供的增值服务（如计费平台）。假设 AIP 向 ASP 收取的单位服务能力使用价格仍为 ω，而 ϕ 为 ASP 保留的销售收入的比例，($1-\phi$) 为 AIP 获得的销售收入比例。因此，AIP 需要决定的收入共享契约参数为 $\{\omega,\phi\}$。显然，只有当 ω，ϕ 都与 ASP 上报的 $\tilde{v}$ 相关时，AIP 才能通过调节契约参数避免来自 ASP 的机会主义行为，所以契约参数可进一步表示为 $\{\omega(\tilde{v}),\phi(\tilde{v})\}$。

由于 AIP 已经知道 ASP 上报的 $\tilde{v}$ 可能与真实的 v 不一致，而市场均衡条件又按真实的用户等待成本 v 实现，即市场均衡条件仍为式(2-1)，因此，AIP 心目中的各利润函数已经有了适当的调整：

$$\pi_{AIP}(\tilde{v},\mu,\lambda) = \omega(\tilde{v}) \cdot \mu - (c\mu + e\mu^2) + (1-\phi(\tilde{v})) \cdot p\lambda \tag{3-4}$$

$$\pi_{ASP}(\tilde{v},\mu,\lambda) = \phi(\tilde{v}) \cdot p\lambda - \omega(\tilde{v}) \cdot \mu = \phi(\tilde{v}) \cdot \left(D\lambda^{1-k} - \frac{v\lambda}{\mu-\lambda}\right) - \omega(\tilde{v})\mu \tag{3-5}$$

$$\pi_{SC}(\mu,\lambda) = p\lambda - (c\mu + e\mu^2) = D\lambda^{1-k} - \frac{v\lambda}{\mu-\lambda} - c\mu - e\mu^2 \tag{3-6}$$

一方面，与 3.3 节中的思想相同，为了实现供应链的协调，AIP 制定的契约需使式(3-4)和式(3-5)的一阶条件的解相同，有

$$\begin{cases} \dfrac{\partial \pi_{SC}(\mu,\lambda)}{\partial \mu} = \dfrac{v\lambda}{(\mu-\lambda)^2} - c - 2e\mu = 0 \\ \dfrac{\partial \pi_{SC}(\mu,\lambda)}{\partial \lambda} = D(1-k)\lambda^{-k} - \dfrac{v\mu}{(\mu-\lambda)^2} = 0 \end{cases} \tag{3-7}$$

$$\begin{cases} \dfrac{\partial \pi_{ASP}(\tilde{v},\mu,\lambda)}{\partial \mu} = \phi(\tilde{v}) \cdot \dfrac{v\lambda}{(\mu-\lambda)^2} - \omega(\tilde{v}) = 0 \\ \dfrac{\partial \pi_{ASP}(\tilde{v},\mu,\lambda)}{\partial \lambda} = \phi(\tilde{v}) \cdot \left[D(1-k)\lambda^{-k} - \dfrac{v\mu}{(\mu-\lambda)^2}\right] = 0 \end{cases} \tag{3-8}$$

另一方面，为了防止 ASP 的机会主义行为，AIP 需设置一种机制，使 ASP 上报真实信息时的利润大于其上报虚假信息时的利润，即 ASP 的利润函数 $\pi_{ASP}(\tilde{v},\mu,\lambda)$ 是一个关于 $\tilde{v}$ 的严格凹函数，需同时满足以下两个条件：

$$\left.\frac{\partial \pi_{ASP}(\tilde{v},\mu,\lambda)}{\partial \tilde{v}}\right|_{v=\tilde{v}} = \frac{\partial \phi(\tilde{v})}{\partial \tilde{v}} \cdot \left(D\lambda^{1-k} - \frac{\tilde{v}\lambda}{\mu-\lambda}\right) - \mu \cdot \frac{\partial \omega(\tilde{v})}{\partial \tilde{v}} = 0 \tag{3-9}$$

$$\left.\frac{\partial^2 \pi_{ASP}(\tilde{v},\mu,\lambda)}{\partial \tilde{v}^2}\right|_{v=\tilde{v}} = \frac{\partial^2 \phi(\tilde{v})}{\partial \tilde{v}^2} \cdot \left(D\lambda^{1-k} - \frac{\tilde{v}\lambda}{\mu-\lambda}\right) - \frac{\lambda}{\mu-\lambda} \cdot \frac{\partial \phi(\tilde{v})}{\partial \tilde{v}} - \mu \cdot \frac{\partial^2 \omega(\tilde{v})}{\partial \tilde{v}^2} < 0 \tag{3-10}$$

命题：当式(3-9)成立时，有 $\left.\dfrac{\partial^2 \pi_{ASP}(\tilde{v},\mu,\lambda)}{\partial \tilde{v}^2}\right|_{v=\tilde{v}} \equiv 0$。

证明：

由式(3-9)可以推出式(3-11)和式(3-12)：

$$\phi(\tilde{v}) = \frac{-\mu(\mu-\lambda)}{\lambda} \cdot \left\{ \frac{\omega(\tilde{v})}{-D\lambda^{-k}(\mu-\lambda)+\tilde{v}} + \int \frac{\omega(\tilde{v})}{[-D\lambda^{-k}(\mu-\lambda)+\tilde{v}]^2} d\tilde{v} \right\} + C_1 \quad (3\text{-}11)$$

$$D\lambda^{1-k} - \frac{\tilde{v}\lambda}{\mu-\lambda} = \frac{\mu \cdot \dfrac{\partial \omega(\tilde{v})}{\partial \tilde{v}}}{\dfrac{\partial \phi(\tilde{v})}{\partial \tilde{v}}} \quad (3\text{-}12)$$

将式(3-12)代入式(3-10), 可知

$$\left. \frac{\partial^2 \pi_{ASP}(\tilde{v},\mu,\lambda)}{\partial \tilde{v}^2} \right|_{v=\tilde{v}} = \frac{\partial^2 \phi(\tilde{v})}{\partial \tilde{v}^2} \cdot \frac{\mu \cdot \dfrac{\partial \omega(\tilde{v})}{\partial \tilde{v}}}{\dfrac{\partial \phi(\tilde{v})}{\partial \tilde{v}}} - \frac{\lambda}{\mu-\lambda} \cdot \frac{\partial \phi(\tilde{v})}{\partial \tilde{v}} - \mu \cdot \frac{\partial^2 \omega(\tilde{v})}{\partial \tilde{v}^2} \quad (3\text{-}13)$$

将式(3-11)对 $\tilde{v}$ 求一阶偏导及二阶偏导, 有

$$\begin{cases} \dfrac{\partial \phi(\tilde{v})}{\partial \tilde{v}} = \dfrac{-\mu(\mu-\lambda)}{\lambda} \cdot \dfrac{1}{-D\lambda^{-k}(\mu-\lambda)+\tilde{v}} \cdot \dfrac{\partial \omega(\tilde{v})}{\partial \tilde{v}} & (3\text{-}14) \\[1em] \dfrac{\partial^2 \phi(\tilde{v})}{\partial \tilde{v}^2} = \dfrac{-\mu(\mu-\lambda)}{\lambda} \cdot \left\{ \dfrac{-1}{[-D\lambda^{-k}(\mu-\lambda)+\tilde{v}]^2} \cdot \dfrac{\partial \omega(\tilde{v})}{\partial \tilde{v}} + \dfrac{1}{-D\lambda^{-k}(\mu-\lambda)+\tilde{v}} \cdot \dfrac{\partial^2 \omega(\tilde{v})}{\partial \tilde{v}^2} \right\} & (3\text{-}15) \end{cases}$$

式(3-14)除以式(3-15), 得

$$\left(\frac{\partial^2 \varphi(\tilde{v})}{\partial \tilde{v}^2} \right) \Big/ \left(\frac{\partial \phi(\tilde{v})}{\partial \tilde{v}} \right) = \frac{-1}{-D\lambda^{-k}(\mu-\lambda)+\tilde{v}} + \left(\frac{\partial^2 \omega(\tilde{v})}{\partial \tilde{v}^2} \right) \Big/ \left(\frac{\partial \omega(\tilde{v})}{\partial \tilde{v}} \right) \quad (3\text{-}16)$$

将式(3-16)代入式(3-15), 得

$$\left. \frac{\partial^2 \pi_{ASP}(\tilde{v},\mu,\lambda)}{\partial \tilde{v}^2} \right|_{v=\tilde{v}} = \mu \cdot \left[\frac{-1}{-D\lambda^{-k}(\mu-\lambda)+\tilde{v}} \cdot \frac{\partial \omega(\tilde{v})}{\partial \tilde{v}} + \frac{\partial^2 \omega(\tilde{v})}{\partial \tilde{v}^2} \right]$$
$$+ \mu \cdot \frac{1}{-D\lambda^{-k}(\mu-\lambda)+\tilde{v}} \cdot \frac{\partial \omega(\tilde{v})}{\partial \tilde{v}} - \mu \cdot \frac{\partial^2 \omega(\tilde{v})}{\partial \tilde{v}^2} \equiv 0 \quad (3\text{-}17)$$

引理: 无论如何制定 $\{\varphi(\tilde{v}), \omega(\tilde{v})\}$, 都不能使式(3-9)和式(3-10)同时成立, 所以, 传统的收益共享契约不能避免信息不对称下 ASP 谎报用户等待成本 v 的问题, 即起不到激励信息共享的作用。

3.4.2 基于成本定价法

思考 ASP 能通过谎报信息获利的根本原因, 是 AIP 制定出来的单位计算能力租赁价格 ω 受 ASP 上报的 $\tilde{v}$ 的影响, 而 AIP 又没有有效的激励或惩罚措施阻止 ASP 的这种欺骗行为。因此, 本节试图改变 AIP 的收费结构来解决此问题。

如果用机器实例(machine instance)的不同类型来表示 AIP 提供的单位时间计算能力大小，则 μ 代表了不同类型的机器实例。显然，不同计算能力的机器实例收取的租金不同，假设单位时间租赁费率为 $\omega(\mu)$，则利润函数变为

$$\pi_{\text{AIP}} = \omega(\mu) - (c\mu + e\mu^2) \tag{3-18}$$

$$\pi_{\text{ASP}} = p\lambda - \omega(\mu) \tag{3-19}$$

$$\pi_{\text{SC}} = p\lambda - (c\mu + e\mu^2) \tag{3-20}$$

重复 3.3 节的工作，可以得出当 $\omega'(\mu) = c + 2e\mu$ 时，满足激励相容原则，能使该云计算服务供应链实现协调。此时，$\omega(\mu)$ 可表示为 $\omega(\mu) = f + c\mu + e\mu^2$，$f$ 是一常数。AIP 给出的是一组价格随 μ 变化的阶梯租赁价目表，而不是一个固定的 ω 值。观察可知，$\omega(\mu)$ 完全由 AIP 根据自己的成本结构确定而来，常数 f 则用于调节双方的利润分配比率，$\omega(\mu)$ 完全不受 ASP 上报的 $\tilde{v}$ 值等市场需求信息的大小影响，从而可以消除来自下游的需求相关信息不对称造成的 ASP 机会主义行为。这里体现了按成本定价的好处。特别地，此时 AIP 单位时间期望利润为 $\pi_{\text{AIP}} = \omega(\mu) - (c\mu + e\mu^2) = f$。

通过调节 f 值的大小，AIP 可确定任何大小的利润分配比。当然利润分配比的大小取决于双方的议价能力大小。表 3-5、表 3-6 分别给出了数值计算过程以及利润分配比为 1:1 时 f 的取值大小。

数值分析进一步说明，无论 ASP 上报的 $\tilde{v}$ 真假与否，AIP 都可以根据事后 ASP 实际的服务能力租赁量(或者说机器实例类型)来设定最大化供应链总利润的契约参数 $\omega(\mu)$ 的具体值，达到协调供应链的目的。

表 3-5 核心决策过程

	对应表 3.6
目标函数	$\max\limits_{p,\mu,\lambda} \pi_{\text{ASP}} = p\lambda - \omega(\mu)$
变量	f, μ, λ
约束条件	$\dfrac{D}{\lambda^k} = p + v \cdot \dfrac{1}{\mu - \lambda}$，$v \equiv 0.1$；$\pi_{\text{AIP}}/\pi_{\text{SC}} = 0.5$
契约参数	$\omega(\mu) = f + c\mu + e\mu^2$
其他利润函数	式(2-2)，$\pi_{\text{SC}} = \pi_{\text{AIP}} + \pi_{\text{ASP}}$

表 3-6 基于成本定价法的协调结果

$\tilde{v}$	f	λ^*_{ASP}	μ^*_{ASP}	ρ^*_{ASP}	p^*_{ASP}	$\omega^*(\mu) = f+c\mu+e\mu^2$	π^*_{AIP}	π^*_{ASP}	π^*_{SC}	$\pi^*_{\text{AIP}}/\pi^*_{\text{SC}}$
0.04~0.14	0.014	0.021	0.064	0.328	4.568	0.083	0.014	0.014	0.028	0.500

3.5 小　　结

本章证明了在信息不完全对称的情况下,应用提供商 ASP 会为了增加自己的利益夸大用户的单位时间等待成本 ν,作为主导者的 AIP 若以整体利益最大化为目标制定单一固定的服务能力租赁价格 ω^*,将存在两个弊端:①AIP 最终获得的利润很小,ASP 占据了绝大部分的供应链利润;②AIP 不能阻止 ASP 传递虚假的用户单位时间等待成本 ν。

因此,本章尝试了用收益共享契约以及基于成本定价策略这两种方法来解决上述问题,得出以下结论。

(1)固定批发价格下的收益共享契约 $\{\omega(\tilde{\nu}),\phi(\tilde{\nu})\}$ 不能避免信息不对称下 ASP 谎报用户单位时间等待成本 ν 的问题,即起不到激励信息共享的作用。

(2)基于成本的服务能力定价策略由于只决定于 AIP 的成本结构和 ASP 租赁的机器实例类型,所以不受 ASP 上报信息的影响,既能协调供应链,又能防止 ASP 的投机行为。机器实例的租赁价格为 $\omega(\mu) = f + c\mu + e\mu^2$,其中,参数 f 用于调节利润分配,是 AIP 收回成本后的纯收益。

第 4 章　伴有服务中断的云计算服务供应链协调

4.1 引　　言

数据完整性、服务可用性以及响应速度是衡量云计算服务的三个重要指标。在服务可用性方面，某些关键核心系统所要求的可靠性期望值甚至高达 99.999%。然而，由于自然因素(如天气)和人为因素的共同影响，现有的云服务提供商几乎不可能提供100%的服务可用性保证[65]。某些时间段服务不可用的情况，给用户带来了损失。通常，由于 AIP 宕机造成的 ASP 以及下游用户的损失，远远大于他们使用云服务开展业务省下的成本。近几年，云基础设施服务提供商宕机事件频发，动摇了用户使用云服务的信心，受到了业内外的极大关注[65]。

此外，服务供应链区别于产品供应链的特征之一是服务可以按服务时间收费，而产品均按购买量收费。现有研究云计算服务供应链的文献基本上还是延续了传统产品供应链中按使用量收费的思路，而没有对按时间收费情形进行定量分析。

因此，本章以 AIP 主导的按使用时间收费的二级云计算服务供应链为研究对象，以服务中断为研究视角，引入了服务水平的概念，力图设计合适的机制实现服务中断情况下云计算服务供应链的协调。

4.2 模 型 假 设

本章研究按时间收费的情况下含有宕机现象的云计算服务供应链协调，因此，需要对第 2 章中的基础假设做些更改与添加。

假设 1：不变。

假设 2：(按时间收费)p 表示处理单位时间 ASP 向用户收取的费用，v 表示用户的单位时间等待成本(处理收费，等待不收费，但处理与等待均会造成客户的机会损失)。对终端用户来讲，该时间延迟转化成终端客户的无效用性，有损于终端用户从 ASP 处获得服务的总效用。$T(\lambda,\mu)$ 表示每个任务在服务系统中花费的期望时间，包括实际处理时间 t_0 和等待时间 t_w。泊松分布中，$T(\lambda,\mu)=1/(\mu-\lambda)$，$t_0(\mu)=1/\mu$。那么，用户需承担的单个任务的期望成本变为

$$p \cdot t_0(\mu) + v \cdot T(\lambda, \mu) = p \cdot \frac{1}{\mu} + v \cdot \frac{1}{\mu - \lambda} \tag{4-1}$$

假设 3：AIP 向 ASP 收取的机器实例的单位时间租赁费率为 $\omega(\mu)$，表示租赁费率的高低与 ASP 选择的机器实例的配置高低有关。

假设 4：不变。

假设 5：本章研究由于 AIP 异常（如宕机）引起的服务中断的情况，并不考虑由 ASP 引起的服务中断。正常运行时间百分比是 SLA 的重要指标。例如，AIP 保证 ASP 每月有 99.9%的正常运行时间，表示该月单位时间片段中有 99.9%是可用的。把正常运行时间百分比（即正常运作的概率）记为 AT，则单位时间内发生服务中断的概率为$(1-AT)$。

假设 6：ASP 承诺给予用户单位任务 l 的服务中断补偿费，则面对单位时间需求为 λ 的市场时，ASP 在单位时间内需付出的总赔偿为 $l \cdot \lambda$；类比 AIP 的服务提供成本 $c\mu + e\mu^2$，假设 AIP 的中断恢复成本为 $d\mu + m\mu^2$，而 d, m 的含义也与 c, e 的相同。

假设 7：ε 为用户的"业务中断损失系数"，$\varepsilon \geq 1$ 表示一旦发生中断，用户受到的损失不小于业务正常进行时获得的收益。

此时的市场均衡条件仍为"期望边际收益=期望边际成本"，具体形式如下：

$$AT \cdot \frac{D}{\lambda^k} + (1-AT) \cdot l = AT \cdot \left(p \cdot \frac{1}{\mu} + v \cdot \frac{1}{\mu - \lambda} \right) + (1-AT) \cdot \frac{D}{\lambda^k} \cdot \varepsilon, \quad D>0, 0<k<1, \varepsilon \geq 1 \tag{4-2}$$

带 AT 的因子表示正常情况下用户使用云服务系统处理单个任务获得的收益和成本，带 $(1-AT)$ 的因子则表示服务发生中断时用户的边际收益和边际成本。服务中断后，用户每个任务能得到 l 的补偿，因此期望边际收益就是 $(1-AT) \cdot l$。

假设 8：AIP 是主导者，ASP 是跟随者，AIP 给定一套契约参数，ASP 据此确定它的最优计算机能力订购量。同时认为市场是开放的，有关在线应用的使用价格和需求分布等信息是对称的。所以，作为主导者，AIP 能获得所有必要的信息，推断 ASP 的计算能力订购量，并据此制定最佳决策。AIP 和 ASP 是风险中性和完全理性，都根据期望利润最大化进行决策。

4.3 未使用契约的情形

4.3.1 集中决策

先将 AIP 与 ASP 看成一个整体，提供虚拟集成的硬软件托管服务，统称为"云服务提供商"，则其单位时间的期望利润函数为

$$\pi(p,\mu) = AT \cdot \left[\frac{p\lambda}{\mu} - (c\mu + e\mu^2)\right] - (1-AT) \cdot [d\mu + m\mu^2 + l \cdot \lambda] \quad (4\text{-}3)$$

联立式(4-2)和式(4-3)，消去变量 p，得

$$\pi(\lambda,\mu) = AT \cdot \left[D\lambda^{1-k} - \frac{\nu\lambda}{\mu-\lambda} - (c\mu + e\mu^2)\right] - (1-AT) \cdot [\varepsilon \cdot D\lambda^{1-k} + (d\mu + m\mu^2)] \quad (4\text{-}4)$$

式(4-4)获得最优解的一阶导条件为

$$\frac{\partial \pi}{\partial \lambda} = AT \cdot \left[D(1-k)\lambda^{-k} - \frac{\nu\mu}{(\mu-\lambda)^2}\right] - (1-AT) \cdot \varepsilon D(1-k)\lambda^{-k} = 0 \quad (4\text{-}5)$$

$$\frac{\partial \pi}{\partial \mu} = AT \cdot \left[\frac{\nu\lambda}{(\mu-\lambda)^2} - c - 2e\mu\right] - (1-AT)(d + 2m\mu) = 0 \quad (4\text{-}6)$$

同时满足式(4-5)和式(4-6)的 λ 和 μ 就是供应链整体最优时的 λ^* 和 μ^*，且可以看出 λ^* 和 μ^* 均与补偿给用户的费用 l 无关，结合式(4-3)可知供应链最优利润 π^* 也与 l 无关。再结合式(4-2)，即可求出单位时间收费标准 p^*，如式(4-7)所示，p^* 与 l 有关。以上结论可在数值探究部分得到进一步证实。

$$p^* = \left[1 - \varepsilon\left(\frac{1}{AT} - 1\right)\right] \cdot D\mu^* \lambda^{*-k} - \frac{\nu\mu^*}{\mu^* - \lambda^*} + \left(\frac{1}{AT} - 1\right) \cdot l\mu^* \quad (4\text{-}7)$$

4.3.2 集中决策下的数值探究

关于利润公式的定性分析过于复杂，很难得到更多直观、有意义的分析结果。因此，本节对集中决策下的供应链进行了数值分析，以期得到对经济决策有益的结果。

上述模型中，除 p、μ、λ 三大核心变量外，还有：①五个成本相关参数 ν、c、e、d、m；②两个需求函数相关参数 D、k；③三个服务相关参数 ε、AT、l。本节将运用敏感度分析技术，研究服务相关参数对集中决策整体最优解的影响，选择的初始参数值见表 4-1。

表 4-1 数值分析初始值设置

D	k	c	e	ν	d	m	ε	AT	l
1.00	0.50	1.00	1.00	0.20	1.00	1.00	1.00	0.999	100

$\varepsilon = 1$ 表示宕机造成的企业用户损失近似等于其使用公有云正常开展业务时得

到的收益；$AT = 0.999$ 表示 AIP 承诺的服务可用时间为 99.9%；$l = 100$ 表示服务中断后，用户每个任务能得到 100 个单位的补偿。

我们一次只改变一个参数的取值，并记录下 5 个主要受影响的绩效指标：①最优任务到达率 λ^*；②ASP 决定租赁的最优机器实例类型（任务处理能力）μ^*；③系统的利用率 $\rho^* = (\lambda^*/\mu^*)$；④ASP 的应用市场定价 p^*；⑤集中决策下的供应链总利润 π^*。表 4-2 记录了这些数值分析结果，"约束条件"(constraint condition) 则是指用户的"边际收益−边际成本=0"，从中可以得到以下结论。

从表 4-2(a)中可以看出，当 AT 固定时，最大利润 π^* 不随提供给用户的单位任务补偿 l 变化，λ^*、μ^* 基本不受 l 的影响，即无论是否提供给市场补偿、补偿的力度多大，都不会影响供应链的最大利润。另一方面，AT 一定时，最优市场价格 p^* 与补偿 l 呈正相关，即承诺给市场的中断补偿越多，其正常情况下的收费标准就越高。此外，当 AT 不变时，用户量（λ^*）维持在一定水平。

分别观察表 4-2(b)、表 4-2(c)和表 4-2(d)，可以看出，当 l 一定时，随着可用时间占比的增大（$AT\uparrow$），供应链最优利润增大（$\lambda^*\uparrow$），系统利用率上升（$\rho^*\uparrow$）。也就是说，当补偿 l 不变时，通过提高服务可用水平，可以增加客户到达率，提升系统利用率，从而提高供应链整体利润，对云服务企业有利。因此，提高服务可用水平是改善整条供应链绩效的关键。

联合观察表 4-2(b)、表 4-2(c)和表 4-2(d)可知，针对不同的 l，相同的 AT 水平对应的 π^* 相同，且 π^* 随 AT 的减小而减小，当 $AT = 94\%$ 时，利润已经趋于 0；$AT < 94\%$ 时，总利润为负甚至目标函数无解。因此，云服务提供商应该在尽量保持运维成本（即参数 e）不变的情况下提高自身的服务可用水平，以期获利。进一步证明了前两个结论。

由表 4-2(e)可以看出，随着用户服务中断损失系数 ε 的增大，五项绩效指标均减小，可以推测出用户的业务越重要（ε 越大），用户对云系统的稳定性（AT）和补偿（l）要求越高，否则，用户将放弃使用云系统（λ^*、μ^* 变小），此时，即使云服务提供商下调了云软件单位时间使用价格 p^*，也无法扩大市场蛋糕，最终导致 AIP 与 ASP 整体最优利润 π^* 下降。这就说明了一定额度的补偿只对小型企业有吸引力，但对大型企业无太大作用。

表 4-2　集中决策下的数值分析结果

(a) $AT = 0.999, \varepsilon = 1$

l	λ^*	μ^*	ρ^*	p^*	π^*
0	0.0017245	0.0199278	0.0865377	0.2604460	0.0021910
10	0.0017251	0.0199313	0.0865547	0.2606363	0.0021910
100	0.0017250	0.0199309	0.0865485	0.2624466	0.0021910

续表

(a) $AT=0.999, \varepsilon=1$

l	λ^*	μ^*	ρ^*	p^*	π^*
1000	0.0017252	0.0199320	0.0865525	0.2804043	0.0021910
10000	0.0017263	0.0199385	0.0865836	0.4600223	0.0021910
100000	0.0017250	0.0199306	0.0865506	2.2554982	0.0021910
1000000	0.0017266	0.0199393	0.0865911	20.2197264	0.0021910

(b) $l=0, \varepsilon=1$

AT	λ^*	μ^*	ρ^*	p^*	π^*
0.94	0.0000288	0.0023534	0.0122556	0.2077558	0.0000345
0.95	0.0001374	0.0052196	0.0263171	0.2165035	0.0001660
0.99	0.0013118	0.0171643	0.0764263	0.2525677	0.0016509
0.995	0.0015297	0.0186483	0.0820269	0.2565382	0.0019418
0.999	0.0017251	0.0199311	0.0865516	0.2604443	0.0021910
0.9995	0.0017506	0.0200909	0.0871339	0.2608515	0.0022231
1	0.0017750	0.0202477	0.0876663	0.2613679	0.0022555

(c) $l=100, \varepsilon=1$

AT	λ^*	μ^*	ρ^*	p^*	π^*
0.94	0.0000288	0.0023501	0.0122569	0.2224432	0.0000345
0.95	0.0001369	0.0052105	0.0262831	0.2438383	0.0001660
0.99	0.0013110	0.0171515	0.0764363	0.2696856	0.0016509
0.995	0.0015352	0.0186969	0.0821126	0.2662833	0.0019418
0.999	0.0017250	0.0199304	0.0865521	0.2624290	0.0021910
0.9995	0.0017497	0.0200879	0.0871035	0.2619123	0.0022231
1	0.0017742	0.0202407	0.0876537	0.2613224	0.0022555

(d) $l=10000, \varepsilon=1$

AT	λ^*	μ^*	ρ^*	p^*	π^*
0.94	0.0000288	0.0023512	0.0122608	1.7082570	0.0000345
0.95	0.0001375	0.0052233	0.0263223	2.9657168	0.0001660
0.99	0.0013108	0.0171504	0.0764304	1.9847293	0.0016509
0.995	0.0015349	0.0186938	0.0821069	1.1962564	0.0019418
0.999	0.0017247	0.0199282	0.0865436	0.4599140	0.0021910
0.9995	0.0017512	0.0200965	0.0871403	0.3614317	0.0022231
1	0.0017742	0.0202408	0.0876544	0.2613224	0.0022555

(e) $AT=0.999, l=100$

ε	λ^*	μ^*	ρ^*	p^*	π^*
0	0.0017569	0.0201266	0.0872925	0.2630576	0.0022327
0.5	0.0017409	0.0200288	0.0869210	0.2627524	0.0022118
1	0.0017250	0.0199309	0.0865485	0.2624466	0.0021910
1.5	0.0017076	0.0198221	0.0861476	0.2620922	0.0021702
2	0.0016938	0.0197352	0.0858254	0.2617654	0.0021496
2.5	0.0016833	0.0196730	0.0855631	0.2615595	0.0021291
3	0.0016620	0.0195386	0.0850612	0.2611938	0.0021087

4.3.3 分散决策

现在把"云服务提供商"分成 AIP 和 ASP 两部分，AIP 向 ASP 收取机器实例的单位时间租赁费率 ω，且以各自利润最大化为目标，分散决策，AIP 对 ASP 无补偿。此时 AIP 与 ASP 的期望利润函数变为

$$\pi_{\text{AIP}}(\mu) = AT \cdot [\omega - (c\mu + e\mu^2)] - (1-AT) \cdot [d\mu + m\mu^2] \quad (4-8)$$

$$\pi_{\text{ASP}}(p,\mu) = AT \cdot \left[p \cdot \frac{\lambda}{\mu} - \omega \right] - (1-AT) \cdot l \cdot \lambda \quad (4-9)$$

初始条件不变，得到的数值分析结果如表 4-3 所示，从中可以得到以下结论：分散决策时，AIP 与 ASP 都企图制定一个固定的批发价格，使自己在一定的服务可用水平 AT 和市场补偿 l 下获得最大的收益，而使另一方收益为零，因此不能实现协调，需要契约加以约束。

表 4-3 分散决策下的数值分析结果

(a)分散决策，ASP 最大化自身利益的结果									
λ^*	μ^*	ρ^*	p^*	ω^*	π^*_{AIP}	π^*_{ASP}	π	π^*_{AIP}/π	π^*_{ASP}/π
0.0017258	0.0199361	0.0865662	0.2624556	0.0203539	0	0.0021910	0.0021910	0	1
(b)分散决策，AIP 最大化自身利益的结果									
λ^*	μ^*	ρ^*	p^*	ω^*	π^*_{AIP}	π^*_{ASP}	π	π^*_{AIP}/π	π^*_{ASP}/π
0.0017241	0.0199250	0.0865278	0.2624367	0.0225355	0.0021910	0	0.0021910	1	0

4.4 契约设计

4.4.1 补偿契约

在服务中断补偿契约中，AIP 提供两个契约参数：单位时间机器实例租赁费率 $\omega(\mu)$ 和单位时间服务中断补偿费率 $r(\mu)$。市场信息对称，ASP 以自身利益最大化为目标做决策，决定租赁的机器实例类型 μ 和软件市场单位时间使用价格 p。此时 AIP 和 ASP 的期望利润函数分别为

$$\pi_{\text{AIP}}(\mu) = AT \cdot [\omega(\mu) - (c\mu + e\mu^2)] - (1-AT) \cdot [r(\mu) + d\mu + m\mu^2] \quad (4-10)$$

$$\pi_{\mathrm{ASP}}(p,\mu) = AT \cdot \left[p \cdot \frac{\lambda}{\mu} - \omega(\mu) \right] + (1-AT) \cdot [r(\mu) - l \cdot \lambda] \tag{4-11}$$

ASP 以自身利益最大化为目标，将式(4-2)代入式(4-11)，消去变量 p，得到 ASP 关于 λ、μ 的期望利润函数为

$$\pi_{\mathrm{ASP}}(\lambda,\mu) = AT \cdot \left[D\lambda^{1-k} - \frac{\nu\lambda}{\mu-\lambda} - \omega(\mu) \right] - (1-AT) \cdot [\varepsilon D\lambda^{1-k} - r(\mu)] \tag{4-12}$$

对式(4-12)求偏导，得 ASP 利润最优的必要条件为

$$\frac{\partial \pi_{\mathrm{ASP}}}{\partial \lambda} = AT \cdot \left[D(1-k)\lambda^{-k} - \frac{\nu\mu}{(\mu-\lambda)^2} \right] - (1-AT) \cdot \varepsilon D(1-k)\lambda^{-k} = 0 \tag{4-13}$$

$$\frac{\partial \pi_{\mathrm{ASP}}}{\partial \mu} = AT \cdot \left[\frac{\nu\lambda}{(\mu-\lambda)^2} - \omega'(\mu) \right] + (1-AT) \cdot r'(\mu) = 0 \tag{4-14}$$

满足式(4-13)和式(4-14)的 λ 和 μ 就是 ASP 最优时的 λ_A^* 和 μ_A^*，结合式(4-2)就可算出相应的最优市场价格 p_A^*。

对比等式组式(4-5)、式(4-6)和式(4-13)、式(4-14)，可知式(4-5)与式(4-13)完全相等，只要式(4-6)与式(4-14)也完全相等，就能实现供应链的协调，即 $\lambda_A^* = \lambda^*$，$\mu_A^* = \mu^*$。显然，满足要求的协调条件之一是

$$\omega'(\mu) = c + 2e\mu \tag{4-15}$$

$$r'(\mu) = -d - 2m\mu \tag{4-16}$$

可令契约参数 $\omega(\mu) = f_1 + c\mu + e\mu^2$，$r(\mu) = f_2 - d\mu - m\mu^2$，其中，$f_1$、$f_2$ 均为可调节大小的常数。为符合实际：

$$c\mu + e\mu^2 \leq \omega(\mu) \leq p \cdot \frac{\lambda}{\mu}, \quad r(\mu) \geq 0 \tag{4-17}$$

则有 f_1、f_2 的范围为

$$0 \leq f_1 \leq p \cdot \frac{\lambda}{\mu} - c\mu - e\mu^2, \quad f_2 \geq d\mu + m\mu^2 \tag{4-18}$$

由此可知，AIP 收取的基础设施单位时间租赁费随 ASP 租赁的计算能力 μ 的增大而增大，AIP 提供的单位时间服务中断补偿费却随着 ASP 租赁的计算能力 μ 的增大而减小。两者并不矛盾，前者可从提高收益的角度解释，AIP 鼓励 ASP 租用服务能力较大的机器实例以满足市场需求；后者可以从便于恢复的角度解释，AIP 鼓励 ASP 租用配置较低的机器实例。

4.4.2 数值探究

仍在 $\varepsilon=1$，$AT=99.9\%$，$l=100$ 的条件下进行数值探究，结果发现即使 ASP 以自身利润最大化为目标，只要 AIP 按上述规则制定 $\omega(\mu)$、$r(\mu)$、f_1、f_2，就能实现分散决策下的供应链协调。表 4-4 中的供应链最优利润（$\pi^*=\pi_{AIP}+\pi_{ASP}$）与表 4-1 中集中决策下的 π^* 相等，且通过调节 f_1、f_2 的大小，可实现供应链利润的任意比例分配。表 4-4 给出的是利润分配比为 1∶1 时的结果，其中，表 4-4(a)展示的是 AIP 与 ASP 之间无补偿的特殊情况，即 $r(\mu)=0$，这说明只需弹性定价即可实现供应链的协调。

表 4-4 补偿契约下的数值分析结果

f_1	f_2	λ^*	μ^*	ρ^*	p^*	$\omega(\mu)^*$ $=f_1+c\mu+e\mu^2$	$r(\mu)^*$	π^*	π_{AIP}/π^*	π_{ASP}/π^*
(a)无补偿时的弹性定价结果											
0.0011	—	0.0017	0.0199	0.0866	0.2624	0.0214469	0	0.0022	0.5	0.5
(b)有补偿时的弹性定价结果											
0.0012	0.0533	0.0017	0.0199	0.0866	0.2624	0.0214796	0.0330008	0.0022	0.5	0.5

4.5 小 结

本章设计了一个补偿契约来协调伴有服务中断的云计算服务供应链。服务不可用的情况改变了市场均衡条件，云服务系统被模拟成一个考虑了阻塞成本和中断成本的 M/M/1 排队模型，用户按接受服务的时间收费（而非按被处理的任务量收费）。主要讨论了伴有云服务中断情况时的三种情形：集中决策、分散决策、补偿契约下的分散决策，并得到了以下主要结论。

（1）集中决策情形下，直接影响供应链整体利润和云系统中处理的任务数（市场规模）的是稳定性指标（即服务可用时间百分比 AT），而非对市场的补偿系数 l。因此，提高服务可用水平才能真正有效地提高供应链整体的绩效。

（2）分散决策下，实现协调的关键是 AIP 制定一个与其成本结构相对应的单位时间租赁价格 $\omega(\mu)$，$\omega(\mu)=f_1+c\mu+e\mu^2$，而 AIP 与 ASP 之间的补偿机制 $r(\mu)$ 并非实现协调的必要条件。

第5章 考虑服务水平和网络效应影响的逆向选择研究

5.1 引　言

第3章与第4章分别探究了契约在市场信息不对称和服务水平约束条件下的协调作用，本章进一步对服务水平因子进行了细化。假设服务水平受两方面因素的影响（技术水平与努力水平），并试图运用契约技术改善当技术水平存在信息不对称时的逆向选择问题。

云服务的可用性和安全性是云用户除性能之外最关注的两个指标，而技术水平的信息不对称是造成云计算服务供应链不协调的重要原因之一，云用户不了解云提供商的真实技术水平，对后续合作造成了利益损失。例如，云安全联盟（Cloud Security Alliance，CSA）在2013年的报告[82]中指出，2008年至2012年，被报道的172起云漏洞（cloud vulnerability）事件中，只有75%说明了原因；在剩下的25%原因不公布的漏洞事件中，三大云提供商巨头——亚马逊，谷歌和微软，占了其中的56%，如图5-1所示。可见，平台提供商、应用提供商和用户之间确实存在巨大的信息不对称。报告还指出，"技术类原因"是云安全事件的主要原因，包括不安全接口（insecure interfaces and APIs）、数据丢失或泄露（data loss or leakage）以及硬件故障（hardware failure）等，如图5-2[82]所示。

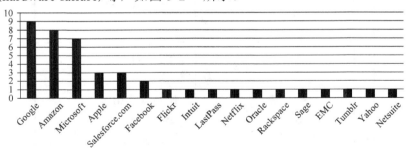

图5-1　原因不明的云漏洞事件中各平台提供商出现的次数

一般来说，只有平台提供商和应用提供商之间相互合作才能赢得市场，但是两者之间的利益往往是不一致的，信息不对称与昂贵的数据/程序转移成本则进一步要求应用提供商在一开始就能找到正确的平台提供商（通常是拥有高技术水平的平台提供商)进行合作。对于如何选择云平台提供商,Gartner 在其两篇报告[81,83]中提出了定性评价 IaaS 和 PaaS 提供商的"魔力象限图",供云用户参考。其中,"前瞻性(completeness of vision)"衡量了云平台提供商应用潜在技术、领导市场、创新及外部融资方面的能力,"执行力(ability to execute)"衡量了产品的易用性和价格、服务水平和技术支持能力、管理团队的经验和能力等。图 5-3 和图 5-4 展示了详细的评价结果。文献[84-86]也给出了定性评价的标准,但是都缺乏定量论证。

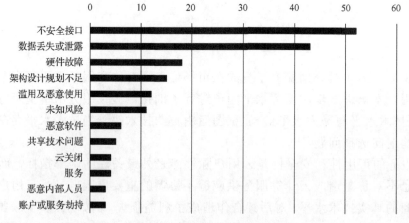

图 5-2 云漏洞事件原因分布

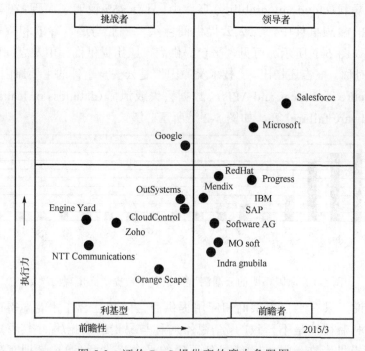

图 5-3 评价 PaaS 提供商的魔力象限图

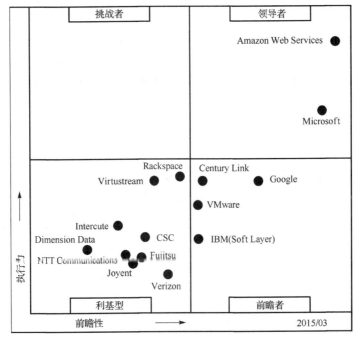

图 5-4 评价 IaaS 提供商的魔力象限图

本章突出了对云平台提供商技术水平和努力水平的量化衡量，同时考虑了网络效应因素对模型的影响，结合定性评价与定量分析解决上述问题，设定的具体目标如下。

站在应用提供商的角度：

(1) 首先，建立一个符合云计算特征的 SaaS 服务供应链模型，并设计一个合适的契约机制进行协调；

(2) 其次，通过敏感度分析，探究 SaaS 服务供应链的主要特征参数对整体绩效的影响；

(3) 最后，讨论当平台提供商的技术水平是其私有信息时，应用提供商应该怎样设计契约机制挑选出高水平的平台提供商进行合作。

5.2 模型假设

与伯克利大学学者[67]对云计算服务供应链的理解一致，本章将组成 SaaS 服务供应链的云计算服务提供商分为两类：一类是应用服务提供商(ASP)，为最终的企业用户以及个人用户提供一系列在线服务；另一类是为 ASP 提供服务的基础设施提供商或者应用平台提供商：AIP/APP——AIP 为 ASP 提供诸如网络、存储、服务器等物理 IT 资源；而 APP 为 ASP 提供更多的 IT 服务，如 O/S、中间件、运行环境等。ASP 是在线应用的直接提供者及云的直接使用者，AIP/APP 则是像 Amazon Web Service、Google App Engine 和 Force.com 这样的云提供商，本书统一称作 AIP。各类云应用开发平台的共同特点是：都有自己的数据中心，在硬件与软件上都有不同程度的集成，提供虚拟化、自动化的开发环境。整条 SaaS 服务供应链如图 5-5 所示，云平台提供商与 SaaS 提供商之间是多对一的关系，并对第 2 章中的基础假设及模型做以下更改及补充。

图 5-5 SaaS 服务供应链

假设 1：不变。

假设 2：不变。

假设 3：提供某项云应用的 ASP 是委托人，AIP 是代理人，ASP 的云应用最终运行在 AIP 的硬件设施或开发平台上，因此 AIP 的技术水平与努力水平会直接影响到云应用的最终用户数量及用户满意度。"正常运行时间百分比（uptime percentage）"是服务等级协议（SLA）的重要组成部分，用 $AT, 0 \leqslant AT \leqslant 1$ 表示。参考李新明和廖貅武[58]对接受应用服务的概率的假设，令 $AT = 1 - a^e$，$0 < a < 1$。参数 a 表示 AIP 在专业技术、知识和经验等方面非人为可控因素，代表了 AIP 的技术水平——a 越小，则这类非可控因素越少，AIP 的技术能力就越强；参数 e 是对 AIP 的努力水平的量化，是 AIP 的决策变量。不同技术能力的 AIP 的努力水平与正常运行时间百分比的关系如图 5-6 所示。

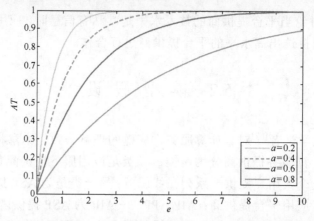

图 5-6 不同技术水平下 AIP 的努力水平与平台可用性的关系

假设 4：AIP 单位时间的成本结构由三部分组成。用 $C_1(\mu)$ 表示 AIP 需要付出的两类成本，具体为 $C_1(\mu)=c\mu+d\mu^2$。第三种成本为 $C_2(\mu)=be$，其中，参数 b 表示 AIP 的单位时间努力成本系数。因此，AIP 提供 μ 单位计算能力的总成本为 $C(\mu)=c\mu+d\mu^2+be$。

假设 5：AIP 单位时间的收益来自两部分。一部分来自向 ASP 收取的云资源(或者云平台)租赁(或者使用)费用，鉴于现实世界中云资源/云平台提供者越来越多，价格博弈使最终价格相差无几，本章假设单位云计算能力的市场租赁价格(或者使用价格)为 ω，ω 是一外生常量，不作为 AIP 的决策变量；另一部分收益来自"网络效应"，根据"梅特卡夫定律"(Metcalfe's law)可知，一个网络的价值与使用该网络的用户数的平方成正比，因此假设 AIP 的网络效应系数为 g_1，当向 ASP 出租 μ 单位的云计算能力的时候它能获得 $g_1\mu^2$ 的隐性收益。因此，AIP 出租 μ 单位的云计算能力的总收益可表示为 $(\omega\mu+g_1\mu^2)$。

假设 6：ASP 单位时间的收益也来自两方面。一部分来自于处理 λ 个任务向用户收取的实际费用，即 $p\lambda$；另一部分则来自"网络效应"，假设 ASP 的网络效应系数为 g_2，当单位时间的市场规模达到 λ 时，他可获得 $g_2\lambda^2$ 的隐性收益。ASP 处理 λ 个任务获得的总收益为 $(p\lambda+g_2\lambda^2)$。

假设 7：当服务不可用或者出现重大宕机事故时，ASP 需向用户做出一定程度的赔偿。假设原始收益中 $(1-AT)\%$ 的部分返回给用户作为补偿(事实上，补偿比例可能会更大)，则在服务可用水平为 AT 的情况下，ASP 处理 λ 个任务获得的实际收益为 $AT\cdot(p\lambda+g_2\lambda^2)$，其中，$AT$ 受 AIP 技术水平和努力水平的影响。

假设 8：假设市场上有两类 AIP，高水平(a_H)的 AIP 与低水平(a_L)的 AIP，注意：$a_H<a_L$，且知道属于高水平 a_H 的概率为 m，属于低水平 a_L 的概率为$(1-m)$。下标 H 与 L 分别表示高水平的 AIP 与低水平的 AIP，并不代表某个参数值的高低。

5.3　参照Ⅰ：完全信息下的集中决策

5.3.1　理论证明

集中决策下，可把 AIP 和 ASP 看成一家企业，该联合企业自己购买服务器等硬件设备并自行开发、运营与维护云应用，则该企业的决策目标可以表示为

$$\max_{p,\mu,e} \Pi = \max_{p,\mu,e}[(1-a^e)\cdot(p\lambda+g_2\lambda^2)-c\mu+(g_1-d)\mu^2-be]\{p,\mu,e\} \quad (5\text{-}1)$$

$$\text{s.t.} \frac{D}{\lambda^k}=p+v\cdot\frac{1}{\mu-\lambda} \quad (5\text{-}2)$$

$$p\geq p_0, \mu>\lambda>0 \quad (5\text{-}3)$$

Π表示集中决策下单位时间的利润，企业之间没有转移支付，单位任务处理价格、单位时间云计算处理能力以及努力程度为$\{p,\mu,e\}$，是该联合企业需要作出决策的变量。p_0表示ASP运用在线软件处理单位任务向用户收取的保留价格水平。

将式(5-2)代入目标函数(5-1)中消去变量p，目标函数可转化为以$\{\lambda,\mu,e\}$为变量：

$$\max_{\lambda,\mu,e}\Pi=\max_{\lambda,\mu,e}[(1-a^e)\cdot\left(D\lambda^{1-k}-\frac{v\lambda}{\mu-\lambda}+g_2\lambda^2\right)-c\mu+(g_1-d)\mu^2-be]\{\lambda,\mu,e\} \quad (5\text{-}4)$$

对三个变量分别求一阶偏导并令其等于0，求得的解即为该数学模型的驻点（驻点是最值的必要条件），用$\{\lambda^*,\mu^*,e^*\}$表示，满足：

$$\frac{\partial\Pi}{\partial e}=(p\lambda+g_2\lambda^2)\cdot(-a^e\cdot\ln a)-b=0 \quad (5\text{-}5)$$

$$\frac{\partial\Pi}{\partial\mu}=(1-a^e)\cdot\frac{v\lambda}{(\mu-\lambda)^2}-c+2(g_1-d)\mu=0 \quad (5\text{-}6)$$

$$\frac{\partial\Pi}{\partial\lambda}=(1-a^e)\cdot[(1-k)D\lambda^{-k}-\frac{v\mu}{(\mu-\lambda)^2}+2g_2\lambda]=0 \quad (5\text{-}7)$$

由式(5-5)可得最优努力水平的显示表达式为

$$e^*=e(p,\mu)=\log_a\frac{-b}{(p\lambda+g_2\lambda^2)\ln a} \quad (5\text{-}8)$$

$\{\lambda^*,\mu^*\}$虽然无法显示表达，但由式(5-6)和式(5-7)可知$\{\lambda^*,\mu^*\}$存在，因此p^*也存在。记集中决策下SaaS服务供应链的最优利润为$\Pi^*=\Pi(p^*,\mu^*,e^*)$。

5.3.2 集中决策下的数值探究

关于利润公式的定性分析过于复杂，很难得到更多直观、有意义的分析结果。因此，本章对集中决策下的供应链进行了敏感度分析，以期得到对经济决策有益的结果。因为本章数值分析的目的仅是为了揭示最优解随参数变化的趋势,所以各参数的取值仅表示相互之间的相对值,并非行业实践中的真实绝对值。

运用 MATLAB 中的 fmincon 函数编写程序求解上述带约束条件的非线性优化问题,得到的结果经整理后如图 5-7 所示,从中可以观察到许多有趣的结论。为保证叙述的连贯性,将集中决策下对于等待成本参数 v 以及网络效应程度参数 g_1、g_2 的敏感度分析放在最后。

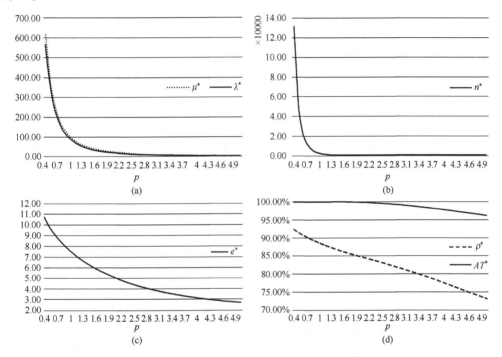

图 5-7 集中决策下的供应链最优绩效指标

输入:$D=10, k=1/2, v=1, c=d=1, g_1=0.5; g_2=1; b=1, a=0.3$;

敏感度参数:p_0 是决策变量 p 的下限,取 p_0 从 $0 \cdot c$ 到 $5 \cdot c$ 变动,间隔 $0.1c$;

输出:$\{\mu^*, \lambda^*, \rho^*(=\lambda^*/\mu^*), p^*, e^*, AT^*, \Pi^*\}$。

结论如下。

(1) 上述模型及输入参数结构下,目标函数总是在决策变量 p 取得给定范围的下限时达到最大值,即云服务最终面向客户收取的单位任务价格 p 越小,获得的利润越大。

(2) 随着 p 的减小,用户网络增大(表现为终端市场需求 λ^* 增大,云计算服务能力需求 μ^* 增大),供应链总利润 Π^* 也增大。从图 5-7(a) 和图 5-7(b) 中可以看出,当下限逐渐下降时，μ^*, λ^*, Π^* 的值呈现指数型增长，说明当售价减小时，AIP 与 ASP 组成的企业联盟需要更多的用户来实现其网络效应，通过网络效应（而非销售）实现盈利，这与现实生活中许多互联网相关企业提供免费或者低廉的基础服务是一致的。

(3) 从图 5-7(c) 和图 5-7(d) 可以看出，p 越小，云计算服务提供商需付出的努力指数 e 越大，从而保证其服务可用水平 AT 也越大。这可能是因为 p 越小，用户这个网络越大，上游服务提供商造成的服务中断（如宕机等造成的大面积网络瘫痪）在网络效应下产生的负面影响也将是指数级增长的，因此，云计算服务提供商必须将服务可用时间维持在一个高水平上。

(4) 从图 5-7(d) 还可以看出，系统利用率 ρ 随 p 的减小而增大，说明网络越大，这个云计算服务排队系统的利用率越高。结合排队理论可知，一个系统的利用率越高，它的抗干扰能力越差，输入端轻微的变动就可能积累形成"蝴蝶效应"，这与上面的结论相符合，即网络越大，越脆弱。

综上所述，"网络效应"是把双刃剑，一方面，由于网络效应的存在，供应链的收益随着市场的迅速扩张而提高；另一方面，由于网络效应的存在，破坏造成的影响也是大面积的，上游服务提供商需付出更大的努力成本，保证高可用性。总体来讲，网络效应的正作用大于其负作用。

5.4 参照 II：完全信息下的契约机制设计

分散决策下，AIP 与 ASP 之间存在着转移支付。市场信息完全对称时，ASP 会选择与高水平的 AIP 合作，同时为了实现协调，ASP 会设计相关激励机制使分散决策下的供应链总利润等于集中决策时的总利润。"基于批发价格的收益共享与成本共担联合契约"通常是一种实现风险共担的好方法，可激励代理人（AIP）作出有利于供应链整体的努力水平决策。

ASP 的决策参数（契约参数）为 $\{\beta, \gamma; p, \mu\}$，AIP 的决策参数为 $\{e\}$。假设 AIP 向 ASP 收取的单位服务能力使用价格为 ω，β ($0 \leq \beta \leq 1$) 为 ASP 同意给 AIP 的销售收入的比例，$(1-\beta)$ 为 ASP 保留的销售收入比例；同时 ASP 承诺承担 AIP 的部分努力成本，令 ASP 愿意承担的努力成本比例为 $(1-\gamma)$，$0 \leq \gamma \leq 1$。

5.4.1 理论证明

此时两者单位时间的利润函数为

$$\Pi_I = \beta \cdot (1-a^e) \cdot (p\lambda + g_2\lambda^2) + (\omega-c)\mu + (g_1-d)\mu^2 - \gamma \cdot be\{e\} \tag{5-9}$$

$$\Pi_S = (1-\beta)\cdot(1-a^e)\cdot(p\lambda + g_2\lambda^2) - \omega\mu - (1-\gamma)\cdot be \quad \{\beta,\gamma,p,\mu\} \tag{5-10}$$

$$\text{s.t.} \quad \frac{D}{\lambda^k} = p + v\cdot\frac{1}{\mu-\lambda} \tag{5-11}$$

$$p \geq \omega, \mu > \lambda > 0 \tag{5-12}$$

分散决策下，AIP 根据 ASP 给出的契约参数进行努力水平的决策，易得其最大化自身利润的最优努力水平为

$$e_I^{\mathrm{II}*} = e(\beta^{\mathrm{II}}, \gamma^{\mathrm{II}}, p^{\mathrm{II}}, \mu^{\mathrm{II}}) = \log_a \frac{-\gamma^{\mathrm{II}} b}{\beta^{\mathrm{II}}(p^{\mathrm{II}}\lambda^{\mathrm{II}} + g_1\lambda^{\mathrm{II}2})\ln a} \tag{5-13}$$

其中，$\{p^{\mathrm{II}}, \mu^{\mathrm{II}}, \beta^{\mathrm{II}}, \gamma^{\mathrm{II}}\}$ 为 ASP 给出的契约参数，λ^{II} 是相应的单位时间市场需求。

对比式(5-13)和式(5-8)可知，只要令 $\frac{\gamma}{\beta}=1$，$e_I^{\mathrm{II}*}$ 与 e^* 的表达式就完全相等。所以，只要 ASP 做的决策满足 $\{p^{\mathrm{II}}, \mu^{\mathrm{II}}\} = \{p^*, \mu^*\}$、$\frac{\gamma^{\mathrm{II}}}{\beta^{\mathrm{II}}}=1$，就能使分散决策下 AIP 的努力水平 $e_I^{\mathrm{II}*}$ 达到集中条件下的最优努力水平 e^*，供应链实现协调。这说明：收益共享比例应与其承担的成本比例相一致。

β、γ 的具体取值则决定了 AIP 与 ASP 的利润分配水平，理论上，供应链总利润可以任意比例在 AIP 与 ASP 之间进行分配，利润分配大小取决于双方的议价能力。数值分析可以进一步证明以上结论。

5.4.2 数值分析

ASP 做整体最优决策时需满足的条件可以描述成以下带约束的优化求解问题：

$$\max_{p,\mu,\beta,\gamma} \Pi^{\mathrm{II}} = \max_{p,\mu,\beta,\gamma} [(1-a^e)\cdot(p\lambda + g_2\lambda^2) - c\mu + (g_1-d)\mu^2 - be] \tag{5-14}$$

$$\text{s.t.} \quad e = \log_a \frac{-\gamma b}{\beta(p\lambda + g_1\lambda^2)\ln a} \tag{5-15}$$

$$D/\lambda^k = p + v/(\mu-\lambda) \tag{5-16}$$

$$\Pi_I^{\mathrm{II}} \geq 0, \Pi_S^{\mathrm{II}} \geq 0, p \geq \omega \geq 0, \mu > \lambda > 0, 0 \leq \beta \leq 1, 0 \leq \gamma \leq 1 \tag{5-17}$$

输入：$D=10, k=1/2, v=1, c=d=1, g_1=0.5; g_2=1; b=1, a=0.3$；

敏感度参数：令 AIP 单位计算能力的使用价格水平 ω 从 0 到 5 以间隔 0.1

变化;

输出:$\{\mu^*,\lambda^*,\rho^*(=\lambda^*/\mu^*),p^*,e^*,AT^*,\beta^*,\gamma^*,\Pi_I^*,\Pi_S^*,\Pi^*\}^{\Pi}$。

结论如下。

(1)将该情形下的关键绩效指标(key performance indicators,KPI)与5.3.2节中的指标进行对比,发现一一对应相等,也就是说该联合契约可以实现协调。

(2)同时,不改变输入多次运行的程序,发现除了 AIP 与 ASP 之间的利润分配,其余的 KPI 均相等。为方便分析,选取其中的一次运行结果(Π_I^*,Π_S^*,Π^*)列于图5-8,发现无论 AIP 和 ASP 的分利润Π_I^*和Π_S^*如何上下波动,他们的总利润$(\Pi^*=\Pi_I^*+\Pi_S^*)$总是与集中决策下的总利润是相同的。因此,基于批发价格的成本共担和收益共享契约能够实现完全信息下云计算服务供应链的协调。

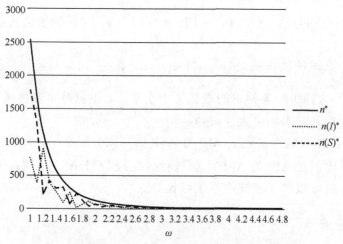

图 5-8　基于成本共担及利润共享契约的利润分配

5.5　AIP 技术水平信息为其私有信息时的契约设计

本模型中,非人为可控因素参数 a 反应了 AIP 的技术水平——a 越小,则非人为可控因素越小,表示 AIP 的技术水平越高。

当反应技术水平的 a 为 AIP 的私有信息时,ASP 需制定合适的契约来识别不同水平的 AIP,理想的结果是:基于假设 8,ASP 设计的契约机制能让不同类型的 AIP 选择不同的契约参数,实现分离均衡。本节仍采用"基于批发价格的收益共享与成本共担联合契约"作为合作方式,此时 ASP 的决策参数变为$\{(\beta_L,\gamma_L),(\beta_H,\gamma_H);p,\mu\}$,高技术水平与低技术水平的 AIP 的决策参数分别为$\{e_H\}$和$\{e_L\}$。

当高水平与低水平的 AIP 分别选择其相应契约时，他们单位时间期望利润函数分别如下所示。

高水平型 AIP：
$$\Pi_I(e\,|\,a_H,\beta_H,\gamma_H) = \beta_H \cdot (1-a_H^e) \cdot (p\lambda + g_2\lambda^2) + (\omega-c)\mu + (g_1-d)\mu^2 - \gamma_H \cdot be \quad (5\text{-}18)$$

低水平型 AIP：
$$\Pi_I(e\,|\,a_L,\beta_L,\gamma_L) = \beta_L \cdot (1-a_L^e) \cdot (p\lambda + g_2\lambda^2) + (\omega-c)\mu + (g_1-d)\mu^2 - \gamma_L \cdot be \quad (5\text{-}19)$$

当高水平与低水平的 AIP 分别选择非相应契约时，他们单位时间期望利润函数分别如下所示。

高水平型 AIP：
$$\Pi_I(e\,|\,a_H,\beta_L,\gamma_L) = \beta_L \cdot (1-a_H^e) \cdot (p\lambda + g_2\lambda^2) + (\omega-c)\mu + (g_1-d)\mu^2 - \gamma_L \cdot be \quad (5\text{-}20)$$

低水平型 AIP：
$$\Pi_I(e\,|\,a_L,\beta_H,\gamma_H) = \beta_H \cdot (1-a_L^e) \cdot (p\lambda + g_2\lambda^2) + (\omega-c)\mu + (g_1-d)\mu^2 - \gamma_H \cdot be \quad (5\text{-}21)$$

我们想要达到的状态是实现"分离均衡"，即高水平的 AIP 会选择 $\{(\beta_H,\gamma_H)\}$ 这组契约参数，低水平的 AIP 会选择 $\{(\beta_L,\gamma_L)\}$ 这组契约参数，所以分离状态下 AIP 只会选择式(5-18)和式(5-19)，不会选择式(5-20)和式(5-21)。因此，在一定约束条件下，ASP 可能的单位时间期望利润只有以下两种形式。

碰到高水平 AIP 时，ASP 的单位时间期望利润函数为
$$\Pi_S(\beta_H,\gamma_H\,|\,a_H) = (1-\beta_H) \cdot (1-a_H^e) \cdot (p\lambda + g_2\lambda^2) - \omega\mu - (1-\gamma_H) \cdot be \quad (5\text{-}22)$$

此时的供应链单位时间总利润为
$$\Pi(p,\mu,e\,|\,a_H) = 式(5\text{-}18) + 式(5\text{-}22) = (1-a_H^e) \cdot (p\lambda + g_2\lambda^2) - c\mu + (g_1-d)\mu^2 - be \quad (5\text{-}23)$$

碰到低水平 AIP 时，ASP 的单位时间期望利润函数为
$$\Pi_S(\beta_L,\gamma_L\,|\,a_L) = (1-\beta_L) \cdot (1-a_L^e) \cdot (p\lambda + g_2\lambda^2) - \omega\mu - (1-\gamma_L) \cdot be \quad (5\text{-}24)$$

此时的供应链单位时间总利润为
$$\Pi(p,\mu,e\,|\,a_L) = 式(5\text{-}19) + 式(5\text{-}24) = (1-a_L^e) \cdot (p\lambda + g_2\lambda^2) - c\mu + (g_1-d)\mu^2 - be \quad (5\text{-}25)$$

所以，ASP 单位时间的总期望利润函数为
$$\Pi_S\{p,\mu;(\beta_H,\gamma_H),(\beta_L,\gamma_L)\} = m \cdot \Pi_S(\beta_H,\gamma_H\,|\,a_H) + (1-m) \cdot \Pi_S(\beta_L,\gamma_L\,|\,a_L) \quad (5\text{-}26)$$

供应链单位时间的总期望利润为
$$\Pi(p,\mu,e) = m \cdot \Pi(p,\mu,e\,|\,a_H) + (1-m) \cdot \Pi(p,\mu,e\,|\,a_L) \quad (5\text{-}27)$$

5.5.1 情形Ⅰ：ASP 最大化自身利益

若 ASP 以最大化自身利益为目标，则上述委托代理模型最终可描述成以下形式：

$$\max \Pi_S\{p,\mu;(\beta_H,\gamma_H),(\beta_L,\gamma_L)\} = \max[m \cdot \Pi_S(\beta_H,\gamma_H|a_H)+(1-m) \cdot \Pi_S(\beta_L,\gamma_L|a_L)] \quad (5-28)$$

$$\text{IR:} \begin{cases} \Pi_I(e|a_H,\beta_H,\gamma_H) > 0 \\ \Pi_I(e|a_L,\beta_L,\gamma_L) > 0 \end{cases} \quad (5-29)$$

$$\text{IC:} \begin{cases} \max \Pi_I(e|a_H,\beta_H,\gamma_H) \geqslant \max \Pi_I(e|a_H,\beta_L,\gamma_L) \\ \max \Pi_I(e|a_L,\beta_L,\gamma_L) \geqslant \max \Pi_I(e|a_L,\beta_H,\gamma_H) \end{cases} \quad (5-30)$$

式(5-29)为参与约束(individual rationality constraints，IR)，表示两类 AIP 的保留水平均为 0。式(5-30)为激励相容约束(incentive compatibility constraints，IC)，可以保证 AIP 选择为其设计的相应的契约组合。

令 $\overline{e_H}$ 和 $\overline{e_L}$ 分别表示高水平与低水平的 AIP 选择其相应契约时最优利润对应的努力水平决策解；$\tilde{e}_H$ 和 $\tilde{e}_L$ 分别表示高水平与低水平的 AIP 选择非对应契约时最优利润对应的努力水平决策解，则 $\{\overline{e_H},\overline{e_L}\}$ 和 $\{\tilde{e}_H,\tilde{e}_L\}$ 分别是方程(5-31)和方程(5-32)的解。

$$\begin{cases} \overline{e_H} \in \arg\max\{\Pi_I(e|a_H,\beta_H,\gamma_H)\} \\ \overline{e_L} \in \arg\max\{\Pi_I(e|a_L,\beta_L,\gamma_L)\} \end{cases} \quad (5-31)$$

$$\begin{cases} \tilde{e}_H \in \arg\max\{\Pi_I(e|a_H,\beta_L,\gamma_L)\} \\ \tilde{e}_L \in \arg\max\{\Pi_I(e|a_L,\beta_H,\gamma_H)\} \end{cases} \quad (5-32)$$

对式(5-18)～式(5-21)求一阶导条件即可得到 $\{\overline{e_H},\overline{e_L}\}$ 和 $\{\tilde{e}_H,\tilde{e}_L\}$ 的表达式：

$$\begin{cases} \overline{e_H} = \log_{a_H} \dfrac{-\gamma_H b}{\beta_H(p\lambda+g_2\lambda^2)\ln a_H} \\ \overline{e_L} = \log_{a_L} \dfrac{-\gamma_L b}{\beta_L(p\lambda+g_2\lambda^2)\ln a_L} \end{cases} \quad (5-33)$$

$$\begin{cases} \tilde{e}_H = \log_{a_H} \dfrac{-\gamma_L b}{\beta_L(p\lambda+g_2\lambda^2)\ln a_H} \\ \tilde{e}_L = \log_{a_L} \dfrac{-\gamma_H b}{\beta_H(p\lambda+g_2\lambda^2)\ln a_L} \end{cases} \quad (5-34)$$

将式(5-33)和式(5-34)代入式(5-29)和式(5-30)，就能得到该非线性规划问题的拉格朗日函数，详见附录。难以推导得到契约参数 $\{(\beta_L,\gamma_L),(\beta_H,\gamma_H)\}$ 的显式表达式，但是它们的隐式表达式满足附录中的式(A-2)～式(A-5)。数值探究的结果如图 5-9 所示。

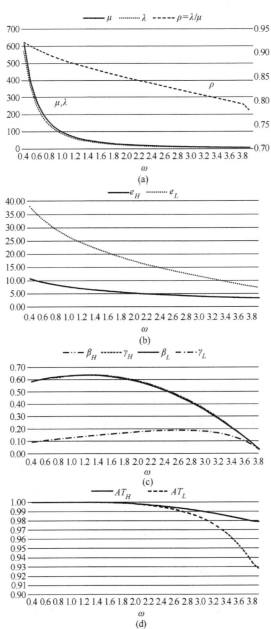

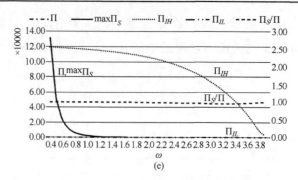

图 5-9 情形 I 的供应链绩效指标

输入：$D=10, k=1/2, v=1, c=d=1, g_1=0.5; g_2=1; b=1, a_H=0.3, a_L=0.7, m=0.5$；

敏感度参数：令 AIP 单位计算能力的使用价格水平 ω 从 0 到 5 以间隔 0.1 变化；

输出：$\{\mu^*, \lambda^*, \rho^*(=\lambda^*/\mu^*), p^*, (e_H^*, e_L^*), (AT_H^*, AT_L^*), (\beta_H^*, \beta_L^*), (\gamma_H^*, \gamma_L^*), (\Pi_{IH}^*, \Pi_{IL}^*), \Pi_S^*, \Pi^*\}$。

结论如下：

(1) 所有的供应链绩效指标随着租用价格 ω 的上升而下降，该规律与信息完全下集中决策 (5.3.2 节) 相同。

(2) 只要契约参数 $\{(\beta_L, \gamma_L), (\beta_H, \gamma_H)\}$ 满足附录中的式 (A-2)～式 (A-5)，就能达到 "分离均衡"。从图 5-9(c) 中可以看出 (β_L, γ_L) 和 (β_H, γ_H) 之间存在关系：$\beta_H = \gamma_H = \beta_L > \gamma_L$。

(3) 尽管低技术水平的 AIP 会比高技术水平的 AIP 作出更多的努力 (如图 5-9(b) 所示)，但是其最终达到的 "正常运行时间百分比 (AT)" 仍然比不上高技术水平的 AIP 能达到的服务可用率 (如图 5-9(d) 所示)。

(4) 该情形下实现的 "分离均衡" 是：ASP 按照不同的契约参数与不同技术水平的 AIP 合作，攫取了该云计算服务供应链的绝大部分利润，高技术水平的 AIP 分得了极少量利润而低技术水平的 AIP 没有任何利润 (详见图 5-9(e))。因此，在此契约机制下，低技术水平的 AIP 会由于缺乏利润逐渐退出市场，并且如果高技术水平的 AIP 想要生存下来，需要扩大 "范围效应"，与服务不同市场分支的 ASP 合作，而不只是服务业务量单一的 ASP。

5.5.2 情形 II：ASP 最大化整体利益

该情形下，目标函数变为式 (5-35)，但是参与约束 IR 和激励相容约束 IC 仍为不等式 (5-29) 和式 (5-30)。

$$\max \Pi(p, \mu, e) = \max[m \cdot \Pi(p, \mu, e \mid a_H) + (1-m) \cdot \Pi(p, \mu, e \mid a_L)] \quad (5\text{-}35)$$

将式(5-33)、式(5-34)代入式(5-29)、式(5-30),构造该非线性规划问题的拉格朗日函数,详见附录。易证此情形下约束式(5-30)是紧约束。所以,我们可以得到 (β_L, γ_L) 和 (β_H, γ_H) 之间的关系:

$$\frac{\beta_L}{\gamma_L} = \frac{\beta_H}{\gamma_H} \tag{5-36}$$

理论上,为获得分离均衡(不同技术水平的 AIP 将获得不同参数的契约),除式(5-36)之外,还需满足以下条件:

$$\beta_L \neq \beta_H \text{ 或 } \gamma_L \neq \gamma_H \tag{5-37}$$

但是图 5-10 所示的数值仿真结果表明,若 ASP 以最大化整体利益为目标设定契约参数值,则无法同时满足式(5-37),这就说明:当 AIP 的技术水平为其私有信息时,"全局最优"和"分离均衡"无法同时实现,且"全局最优"时的契约参数满足:

$$\beta_H = \gamma_H = \beta_L = \gamma_L \tag{5-38}$$

数值探究的输入、输出以及可变参数的设置与情形 I 相同,但是不同的目标函数导致了不同的结论。

(1) 如果 ASP 以最大化整体利益为目标制定契约参数,那么只能达到"混同均衡",即提供给高技术水平与低技术水平的 AIP 是同一套契约参数,$\beta_H = \gamma_H = \beta_L = \gamma_L$ (如图 5-10(c)所示)。

(2) 此情形下,不同技术水平的 AIP 将同存于市场上,且他们获得的利润相似 ($\Pi_{IH} \approx \Pi_{IL}$),随着 $\beta_H, \gamma_H, \beta_L$ 和 γ_L 的取值上下波动(如图 5-10(e)和图 5-10(c)所示)。

(3) 其余规律与"情形 I"相同,例如,大多数供应链绩效指标随着租赁价格 ω 的上升而下降;虽然低技术水平的 AIP 会比高技术水平的 AIP 作出更多的努力 (如图 5-10(b)所示),但是其最终达到的"正常运行时间百分比(AT)"仍然比不上高技术水平的 AIP 能达到的服务可用率(如图 5-10(d)所示)。

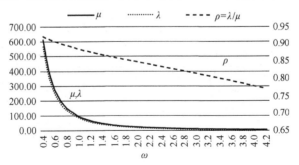

(a)

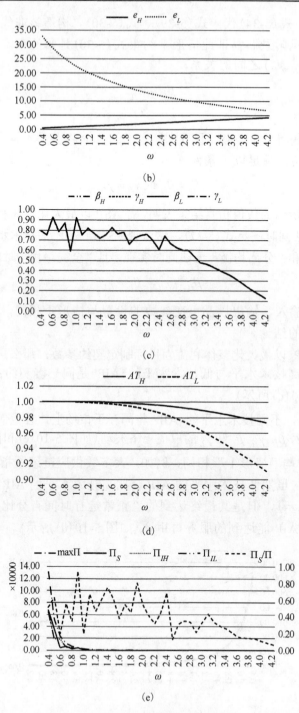

图 5-10 情形 II 的供应链绩效指标

5.6 参照 I 的敏感度分析

本节探讨了云计算服务供应链的两个重要特征(用户单位时间等待成本 v，以及网络效应因子 g_1 和 g_2)对集中条件下供应链整体最优绩效的影响，进行了三种情况下的灵敏度分析：①无网络效应时的等待成本 v 的敏感度分析，即 $g_1=g_2=0$；②有网络效应影响时的等待成本 v 的敏感度分析，$g_1=0.5, g_2=1$；③针对网络效应的敏感度分析，$g_1=g_2=g, v=1$。其余输入、输出、可变参数的取值和设定与参照 I 相同。数值结果如图 5-11～图 5-13 所示，主要结论如下。

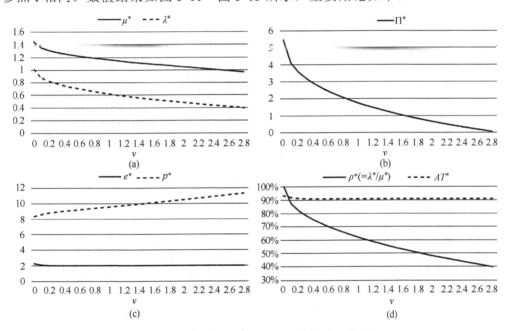

图 5-11 无网络效应影响时对等待成本 v 进行的敏感度分析结果，$g_1=g_2=0$

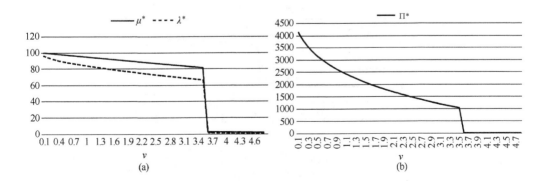

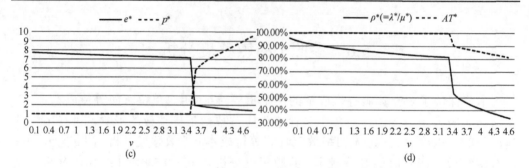

图 5-12　有网络效应影响时对等待成本 v 进行的敏感度分析结果，$g_1 = 0.5, g_2 = 1$

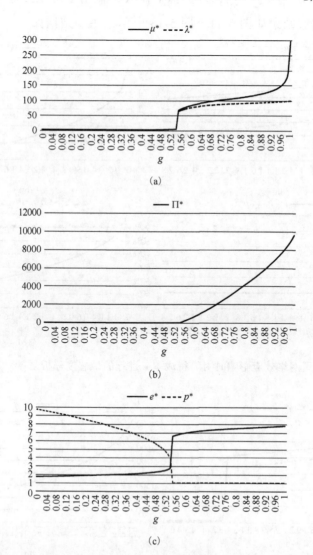

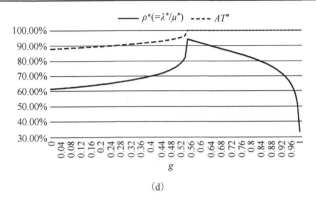

图 5-13　对网络效应因子进行的敏感度分析结果，$g_1=g_2=g, \nu=1$

（1）从图 5-11 可以看出，无网络效应时，供应链各绩效指标随用户单位时间等待成本 ν 变化的较为平缓，大部分指标随 ν 的增大趋于一个稳定值，另有两个特殊的指标——努力水平 e^* 以及服务可用时间 AT^*，则不随 ν 的变化而变化，这说明，使供应链整体利润最优的云服务提供商的努力水平不受用户任务类型的急缓程度的影响。

（2）随着 SaaS 用户任务对时效性要求的提升（$\nu\uparrow$），用户需要支付的单个任务最优处理价格上升（$p^*\uparrow$），但是最优任务到达率（$\lambda^*\downarrow$）、系统利用率（$\rho^*\downarrow$）以及利润（$\Pi^*\downarrow$）均下降。这可能是因为：①用户任务对时效性的要求越高，其选择使用在线应用处理其任务的可能性越低（图 5-11(a)）；②用户任务对时效性的高要求迫使云系统处于低利用率状态，以减少排队时间（图 5-11(d)）。

（3）对比图 5-11 和图 5-12 可知，在网络效应的影响下，云计算市场有了明显的扩张；同时，等待成本的变动对 SaaS 供应链整体绩效的影响也越明显，尤其是在出现跃变之时，SaaS 供应链对等待成本的敏感度出现骤增。

（4）由图 5-13 可知，网络效应有一个临界值，达到该临界值前，其产生的影响较小；只有当其超过该临界值时，网络效应才真正显现出它的影响力。网络效应超过临界值后，市场急速扩张（λ^* 骤增），即使单个任务收取的 SaaS 服务费用（p^*）变的很低，得到的利润也是急速增长的（Π^* 骤增）。

（5）由图 5-13 还可知，网络效应超过临界值后，为了保证这激增的市场需求能被充分满足并保证其服务可用水平，数据分析显示，SaaS 服务提供商应该选择的措施是：①增加冗余，即相对于 λ^*，投入更多的云计算服务能力使得 $\mu^*>\lambda^*$，市场需求越大，系统利用率应该越低（$\rho^*\downarrow$），以减少出现排队现象的可能性；②在技术水平一定的情况下，提高努力水平（$e^*\uparrow$），增强人员管控，以保证更高的服务可用性（$AT^*\uparrow$）。

5.7 小　　结

本章旨在设计合理的机制,让主导者 ASP 从技术水平层次不齐的平台提供商中挑选出高水平的 AIP 进行合作,其中,平台提供商的技术水平是其私有信息,博弈主体之间的利润受到网络效应的影响。为此,本章首先探讨了 AIP 技术水平信息对称下集中、分散两种情况的供应链运作情况作为参考(详见参照Ⅰ和参照Ⅱ),紧接着分析了 AIP 技术水平不对称时 ASP 可采取的两种决策及其相应的结果(详见情形Ⅰ和情形Ⅱ),最后在参照Ⅰ情形下,对用户单位时间等待成本、网络效应因子这两个体现云计算服务供应链特征的重要参数进行了敏感度分析,得到的主要结论如下。

(1)在集中决策情形下,面向最终客户收取的单位任务处理价格 p 越小,AIP 与 ASP 组成的企业联盟可以通过更多的用户接入来获得更大的利润(产生网络效应),系统的利用率也越高。

(2)当 AIP 与 ASP 分散决策时,运用"基于批发价格的收益共享与成本共担联合契约"可以达到该云计算服务供应链的协调,协调的条件是:ASP 留下的收益比例应与其承担的成本比例相同。

(3)当 AIP 的技术水平为其私有信息时,上述联合契约无法同时实现"整体最优"和不同技术水平 AIP 的"分离均衡",但可分别实现。实现"整体最优"的条件是 ASP 为不同水平的 AIP 提供的是同一套契约参数,使得高水平与低水平的 AIP 都存在于市场,且分得的利润相近;实现"分离均衡"的条件则是联合契约参数满足附录式(A-2)～式(A-5)所示的四个隐性表达式。

(4)对参照Ⅰ进行用户单位时间等待成本和网络效应的敏感度分析,发现无网络效应时,使供应链整体利润最优的云服务提供商的努力水平不受用户等待成本大小的影响,但是用户等待成本越高,选择云服务处理业务的可能性越小,SaaS 服务市场越小,系统利用率越低,获得的利润也越低;网络效应与等待成本共同作用时,等待成本的变动对云计算服务供应链整体绩效的影响更明显。针对网络效应带来的影响,云平台提供商在不改变技术水平的情况下应该采取的措施是增加冗余、降低系统利用率和提高努力水平保证更高的服务可用性。

第6章 考虑 SLA、宕机迁移、能力约束的云计算服务供应链协调

本章充分考虑网络负外部性、迁移成本、服务中断等云计算服务系统的特征，采用排队论的框架，构建能力有限制的云计算服务供应链模型，并重点讨论两部收费制契约如何实现供应链协调。本模型中用宕机迁移成本来表示云服务能力是有限制的弹性供给，整合 SLA 协议来体现云服务质量保障机制、按量付费模式。本章是在借鉴 Ansenlmi 等[87]的多个 SaaS 服务提供商、一个 PaaS 服务提供商博弈的供应链模型的基础上，将需求函数内生，应用文献[88]的收入管理思想，即调节需求来迎合供给，同时确定最优的价格、供给和需求，实现单位时间切片内的云计算服务供应链的期望利润最大化，高效率匹配供需。

6.1 引 言

目前，排队论框架下的云计算服务供应链的相关研究，以 Demirkan 等[4,72]的研究最具代表性，他们的研究工作引入了用户等待服务的拥堵成本(congestion cost)反映拥堵效应，并用一个"市场均衡等式"描述了服务定价、系统单位时间服务能力对市场需求的影响，为从排队论视角下的云服务供应链协调研究提供基本的理论研究框架[4]。不过，他们的研究工作发生在云计算尚未诞生或者刚处于起步的阶段，因而云计算特色不鲜明，没有考虑服务水平协议 SLA、宕机迁移成本、有限制的能力弹性、基于服务响应性的客户满意度等云服务特征，没有充分体现云计算即买即用、按需订购、按量付费的鲜明特色。此外，Demirkan 等的研究也没有采用供应链契约协调机制。

不过，值得注意的是，目前已经有学者开始关注云计算服务供应链的特征，考虑服务水平协议、用户体验影响需求等云计算特点，构建云服务供应链模型来研究能力定价和能力分配问题，典型的代表是 Ansenlmi 等的研究工作。Ansenlmi 等构建了包含一个 PaaS 服务提供商和多个 SaaS 服务提供商的云计算服务供应链模型，来研究云计算资源的分配和定价，将运行时 PaaS 服务提供的问题构建成一个广义纳什均衡问题，其中，SaaS 和 PaaS 通过签订 SLA 合约来限定平均的服务

请求响应时间，以及对 SaaS 的服务请求定价；而终端客户也与 SaaS 签订 SLA 合约来限定平均的服务响应时间来保证服务质量，以及服务请求定价。PaaS 的决策变量是 SaaS 供应商的每个应用的服务请求价格和分配给每个 SaaS 供应商的物理机数量。SaaS 的决策变量是单位时间接纳的每个应用的用户请求数以及每个应用的平均响应时间的上限。Ansenlmi 等构建的服务供应链模型的主要特征是：①将 SLA 协议整合到供应链模型中；②考虑用户体验，并将用户体验形式化，用一个线性函数来表达用户的不满意度，并整合到 SaaS 的利润函数；③融入经济学中的博弈论思想，以解决云资源分配和定价问题。Ansenlmi 等的研究工作对如何构建云计算服务供应链成员的利润函数，以及成员间的合作方式提供了有价值的参考[87]。

不过，Ansenlmi 等的研究强调的是调节供给的柔性来迎合激增的需求，而实际上即使供给的能力弹性如云计算般便捷，其供给柔性也难以完全迎合需求，激增的需求会让技术难以处理。此外，他们的研究假设需求是外生给定的，而实际上云服务的需求是和价格、服务水平、宕机负效用等因素相关[68,89]，一些学者也提出了需求和这些因素相关的市场均衡等式[68,90]。因此，忽略终端用户对云服务水平的感知效用是不合理的。另外，Ansenlmi 等的研究没有考虑宕机迁移的情况，也不涉及供应链契约协调[87]。

本章在排队论框架下，从控制需求来匹配供需的角度，构建云计算服务供应链模型，研究供应链的协调，充分考虑服务水平协议 SLA、宕机迁移成本、有限制的能力弹性、基于服务响应性的客户满意度等云服务特征。本章供应链协调研究的主要特点是：①运用动态定价机制来实现排队论框架下的供需匹配；②建立了一个和宕机风险、客户感受、网络延迟相关的市场均衡等式，将需求内生；③将 ASP 和 AIP 的 SLA 合同协议融入到供应链成员的利润函数，特别是考虑了基于服务响应性的客户满意度对利润函数的影响；④假设云计算能力能够提供弹性资源，但虚拟机宕机时有迁移成本，属于有限制的能力弹性；⑤提出了两部收费制契约来实现供应链的协调。

6.2 模型假设

如图 6-1 所示，本章以一个 AIP、一个 ASP 构成的供应链为研究对象，涉及三类市场主体：AIP、ASP、云用户。ASP 与云用户的多个任务组成典型的单服务窗等待制排队模型 M/M/1。ASP 基于租用的 AIP 的基础设施服务，开发增值的软件应用服务，提供给云用户。AIP 服务质量会影响 ASP 的服务水平，从而影响云用户的体验。因此,对服务体验敏感的云客户通过签订 SLA 协议明确 ASP 的服务质量,同时 ASP 为了保障服务质量也和 AIP 签订 SLA 协议,ASP 和 AIP 之间按时付费,客户和 ASP 之间按请求数量付费。典型的 SLA 协议可以参见 Thomas[91] 关于 PaaS 和 SaaS 合同的描述。

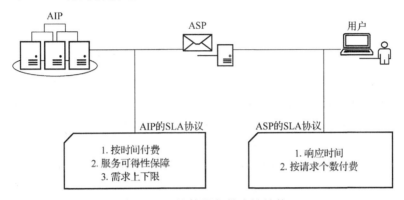

图 6-1 云计算服务供应链结构

本章的供应链模型基于以下假设构建。

假设 1:云计算服务供应链为响应型的服务供应链,顾客对服务响应的及时性要求高,顾客对服务响应时间的感受决定服务价值。此处顾客对服务的满意度体现在正比于响应时间的线性效用函数里。假设 θ 是违反 SLA 协议而产生的顾客负效用,服务响应时间 T 通常位于顾客能容忍的时间 $T_{\max}$ 和 SLA 承诺的响应时间 τ 之间,则当 ASP 的服务响应时间 T 超过 SLA 协议规定的响应时间时,ASP 需承担相应的服务损失费,其表达式为 $\dfrac{\theta(T-\tau)}{T_{\max}-\tau}$。

假设 2:云计算服务供应链是基于网络交付服务而达成交易的,网络拥堵会导致服务质量下降。假定系统服务能力上限是单位时间处理的最大请求数为 $x_{\max}$,在带宽相同的前提下,并发的请求数 λ 越多,网络越拥堵,即所谓的网络外部性,假定单位拥堵成本为 v,则网络的总拥堵成本为 $v\lambda/x_{\max}$。

假设 3:云服务能力的弹性伸缩使得虚拟机宕机的时候可以快速地将网络服务内容迁移到其他虚拟机,从而保证了云服务的高可用性。这种云服务的高可用性是基于虚拟化技术所形成的庞大资源池,使得服务器可以快速迁移,但这是通过迁移成本的损耗实现的。供应链模型中 ASP 系统可视为 M/M/1 排队系统,宕机时系统会滞留 $\lambda/(\mu-\lambda)$ 个服务,花费的时间为 $1-A_t$,单位时间单个服务的迁移成本定义为 c_m,所以由于系统的宕机产生的迁移成本为 $(1-A_t)\times c_m\times\lambda/(\mu-\lambda)$。

假设 4:能力是有限制的,对于一个服务供应链来说,不可能一直有充足的能力(此时利用率会很低以至于企业失去竞争力,因此是不可行的),此处假定云服务系统能够处理服务的请求是有上限的，但是系统会在预配能力上限时考虑一定冗余以保证一定的服务水平，因此可能会存在机会损失成本，假定损失成本是正比于单位服务的价格，所以系统的机会损失成本定义如下：$l \times p \times (x_{max} - \lambda)$，其中，$l$ 为机会损失惩罚的倍率；同时，设定系统处理的需求下限为 x_{min}，保证市场均衡状态时服务请求数要大于 x_{min}，以避免系统处理能力浪费。

假设 5：采用两种付费模式：ASP 是按请求个数也就是服务内容的数量向云用户收取费用，而 AIP 则是采取按实际服务时间向 ASP 收取服务费用，这与现实中的云服务收费模式相一致。

假设 6：当市场的边际价值等于边际成本时，排队系统达到动态平衡，市场处于均衡状态。此时，市场的均衡条件为：$\alpha_k \frac{(T_{max} - T)}{T_{max} - T_{min}} + \frac{D}{\sqrt{\lambda}} = p + v \frac{\lambda}{x_{max}} + \beta(1 - A_t)$；其中，第一项表示了客户对服务的满意度，第二项代表了产品本身的价值，第三项是顾客支付的价格，第四项代表网络拥堵的成本，而第五项则代表服务可得性的成本。

此外，本章供应链模型所涉及的参数和变量含义如表 6-1 所示。需要指出的是，本章的所有利润函数都是在单位时间切片内进行计算的，因此表 6-1 的参数和变量也默认是在单位时间中设置的。

表 6-1 决策变量和供应链系统参数

决策变量	p	ASP 执行单个请求的收费
	λ	市场均衡时的需求到达速率
	μ	市场均衡时的 AIP 服务速率
	$o(\mu)$	租用虚拟机的预付费用
	we	虚拟机占用的单位服务时间费率
外生变量	l	机会损失惩罚的倍率
	T_{max}	SLA 协议规定的服务最迟完工时间
	τ	SLA 协议中规定的响应时间
	T_{min}	系统设定的完成服务的时间下限
	X_{max}	系统设定的处理能力——最大并发请求数量
	X_{min}	系统设定的需求下界
	α_k	单个请求的效用斜率
	v	单位时间延迟成本
	c	单位虚拟机的运行成本
	e	规模不经济参数
	f	单位物理机的管理成本
	C	物理机的处理能力

			续表
	K		提供给相应 AIP 的物理机数量
	w		单位服务时间的批发价格
外生变量	c_m		单位请求的迁移成本
	A_t		AIP 保证的服务可用性系数,通常接近 1
	β		单位时间宕机产生的负效用
	θ		违反 SLA 协议产生的顾客负效用

6.3 供应链建模及分析

本节针对集中决策、分散决策、契约协调等三种场景进行供应链建模与分析,主要采用四个绩效指标来衡量供应链绩效:①吞吐率:$Th = \lambda / x_{\max}$;②利用率:$r = \lambda / \mu$;③服务水平 SL: $p(T < \tau) = 1 - e^{(-(\mu-\lambda) \times \tau)}$;④处理时间:$1/(\mu - \lambda)$。

6.3.1 集中决策

ASP 和 AIP 作为一个整体进行集中决策,目标是实现整个供应链的利润最大化。供应链的期望利润函数如下:

$$\pi_T(p, \lambda, \mu) = A_t p \lambda - l \times p(x_{\max} - \lambda) - \theta \frac{(T-\tau)}{T_{\max} - \tau} \lambda - (1-A_t) c_m \frac{\lambda}{u - \lambda} \tag{6-1}$$
$$- c\mu - eu^2 - fK$$

其中,式(6-1)的第一项表示 ASP 的收入,第二项表示系统的机会损失成本,第三项表示响应时间超过 SLA 协议承诺的响应时间时的惩罚成本,第四项表示系统宕机时的迁移成本,第五项为单位计算能力的管理成本,第六项为计算能力的规模不经济成本,第七项为物理机的管理成本。

集中决策下需要满足的约束条件如下:

$$p = \alpha_k \frac{(T_{\max} - T)}{T_{\max} - T_{\min}} + \frac{D}{\sqrt{\lambda}} - v \frac{\lambda}{x_{\max}} - \beta(1 - A_t) \tag{6-2}$$

$$x_{\min} < \lambda < x_{\max} \tag{6-3}$$

$$T_{\min} < T < T_{\max} \tag{6-4}$$

$$\mu \leqslant KC \tag{6-5}$$

式(6-3)表示市场均衡时实际接纳的单位时间服务请求数要小于系统设定的

处理能力上限 $x_{\max}$，同时大于预设的服务请求数下限 $x_{\min}$。云服务系统的能力弹性也是有一定限制的，本章假定的系统存在处理能力的上限，相对于均衡状态的用户最大的并发请求数，系统能力上限设定时考虑了一定的冗余；同时，为了避免资源的过度浪费，均衡状态的服务请求数应大于 $x_{\min}$。

式(6-4)表明系统的服务请求处理时间要在系统规定的范围内；式(6-5)表明系统所要求的处理能力要小于所有开启的物理机的上限，根据云计算按需配给的特点，假定开启的物理机虚拟出的能力恰好满足需求，所以约束式(6-5)取等式。因此式(6-1)转化成式(6-6)：

$$\pi_T(p,\lambda,\mu) = A_t p\lambda - l \times p(x_{\max} - \lambda) - \theta \frac{(T-\tau)}{T_{\max}-\tau}\lambda - (1-A_t)c_m\frac{\lambda}{u-\lambda} \quad (6\text{-}6)$$
$$- c\mu - eu^2 - f\mu/C$$

针对式(6-6)，分别对 λ 和 μ 求偏导得出：

$$\frac{\partial \pi_T}{\partial \lambda} = A_t\left(\frac{-\alpha_K}{(\mu-\lambda)^2} - \frac{D}{\lambda^{3/2}} - \frac{v}{x_{\max}}\right)\lambda + A_t\left(\alpha_K\left(T_{\max} - \frac{1}{\mu-\lambda}\right) + \frac{D}{\sqrt{\lambda}} - \frac{v\lambda}{x_{\max}}\right.$$
$$\left. -(1-A_t)\beta\right) - l\left(\frac{-\alpha_K}{(\mu-\lambda)^2} - \frac{D}{\lambda^{3/2}} - \frac{v}{x_{\max}}\right)\times(x_{\max}-\lambda) + l\left(\alpha_K\left(T_{\max} - \frac{1}{\mu-\lambda}\right)\right.$$
$$\left. + \frac{D}{\sqrt{\lambda}} - \frac{v\lambda}{x_{\max}} - (1-A_t)\beta\right) - \frac{\theta_{K1}\lambda}{(\mu-\lambda)^2} - \theta_{K1}\left(\frac{1}{\mu-\lambda} - \tau\right) - \frac{(1-A_t)c_m}{\mu-\lambda} - \frac{(1-A_t)\lambda c_m}{(\mu-\lambda)^2}$$
$$(6\text{-}7)$$

$$\frac{\partial \pi_T}{\partial \mu} = A_t \frac{\alpha_K \lambda}{(\mu-\lambda)^2} - \frac{l\alpha_K(x_{\max}-\lambda)}{(\mu-\lambda)^2} + \frac{\theta_K \lambda}{(\mu-\lambda)^2}$$
$$+ \frac{(1-A_t)c_m\lambda}{(\mu-\lambda)^2} - c - 2e\mu - f/C \quad (6\text{-}8)$$

同时满足式(6-7)和式(6-8)等于零，联立求解得出供应链整体最优时的 λ^* 和 μ^*。需要说明的是，由于数学分析困难，此处难以给出 λ^* 和 μ^* 显式的表达式。

6.3.2 分散决策

分散决策情况，批发价格契约被用来协调供应链，ASP 的利润函数如式(6-9)所示：

$$\pi_S(u,p,\lambda) = A_t p\lambda - l \times p(x_{\max}-\lambda) - w\frac{\lambda}{u} - \theta\frac{(T-\tau)}{T_{\max}-\tau}\lambda \quad (6\text{-}9)$$

式(6-9)中，第一项表示 ASP 的收入，第二项代表系统的机会损失，第三项代表 ASP 支付给 AIP 的服务时间的转移支付，第四项代表违背 SLA 协议 ASP 需要支付的损失费用。对式(6-9)分别求 λ 和 μ 偏导可得：

$$\frac{\partial \pi_S}{\partial \lambda} = A_t \left(\frac{-\alpha_{K1}}{(\mu-\lambda)^2} - \frac{D}{\lambda^{3/2}} - \frac{v}{x_{\max}} \right) \lambda + A_t \left(\alpha_{K1} \left(T_{\max} - \frac{1}{\mu-\lambda} \right) + \frac{D}{\sqrt{\lambda}} - \frac{v\lambda}{x_{\max}} \right)$$

$$-(1-A_t)\beta - l\left(\frac{-\alpha_{K1}}{(\mu-\lambda)^2} - \frac{D}{\lambda^{3/2}} - \frac{v}{x_{\max}} \right)(x_{\max}-\lambda) + l\left(\alpha_{K1}\left(T_{\max} - \frac{1}{\mu-\lambda}\right) \right) \quad (6\text{-}10)$$

$$+ \frac{D}{\sqrt{\lambda}} - \frac{v\lambda}{x_{\max}} - (1-A_t)\beta \right) - \frac{\theta_{K1}\lambda}{(\mu-\lambda)^2} - \theta_{K1}\left(\frac{1}{\mu-\lambda} - \tau \right) - \frac{w_1}{\mu}$$

$$\frac{\partial \pi_S}{\partial \mu} = A_t \frac{\alpha_{K1}\lambda}{(\mu-\lambda)^2} - \frac{l\alpha_{K1}(x_{\max}-\lambda)}{(\mu-\lambda)^2} + \frac{\theta_{K1}\lambda}{(\mu-\lambda)^2} + \frac{w_2\lambda}{\mu^2} \quad (6\text{-}11)$$

对比式(6-7)和式(6-10)、式(6-8)和式(6-11)可知，当供应链协调时有式(6-12)和式(6-13)：

$$w_1 = \left(\frac{(1-A_t)c_m}{\mu-\lambda} + \frac{(1-A_t)c_m\lambda}{(\mu-\lambda)^2} \right) \times \mu \quad (6\text{-}12)$$

$$w_2 = \left(\frac{(1-A_t)c_m\lambda}{(\mu-\lambda)^2} - c - 2e\mu - f/m \right) \times \mu^2/\lambda \quad (6\text{-}13)$$

根据供应链协调的条件，式(6-12)必须等于式(6-13)，但是式(6-12)明显不等于式(6-13)，所以供应链无法协调。

6.3.3 两部收费制契约

此处用两部收费制契约协调供应链。将预付费的形式设置成线性支付的形式即 $o(\mu) = o \times \mu - g$，用 we 表示单位服务时间的费率，则 ASP 的利润函数可表示为

$$\pi_{SI}(u, p, \lambda) = A_t p\lambda - l \times p(x_{\max} - \lambda) - \theta \frac{(T-\tau)}{T_{\max}-\tau}\lambda - (o(\mu) - g) - we\frac{\lambda}{u} \quad (6\text{-}14)$$

式(6-14)中第一项代表 ASP 的收入，第二项代表 ASP 的机会损失成本，第三项代表 SLA 协议惩罚成本，第四项代表和服务能力成线性关系的预付费成本，第五项代表按时间支付的费用。将式(6-14)对 λ 和 μ 求偏导可得：

$$\frac{\partial \pi_{SI}}{\partial \lambda} = A_t \left(\frac{-\alpha_{K1}}{(\mu-\lambda)^2} - \frac{D}{\lambda^{3/2}} - \frac{v}{x_{\max}} \right) \lambda + A_t \left(\alpha_K \left(T_{\max} - \frac{1}{\mu-\lambda} \right) + \frac{D}{\sqrt{\lambda}} - \frac{v\lambda}{x_{\max}} \right)$$

$$-(1-A_t)\beta \bigg) - l \left(\frac{-\alpha_{K1}}{(\mu-\lambda)^2} - \frac{D}{\lambda^{3/2}} - \frac{v}{x_{\max}} \right)(x_{\max}-\lambda) + l \left(\alpha_K \left(T_{\max} - \frac{1}{\mu-\lambda} \right) \right. \quad (6\text{-}15)$$

$$\left. + \frac{D}{\sqrt{\lambda}} - \frac{v\lambda}{x_{\max}} - (1-A_t)\beta \right) - \frac{\theta_{K1}\lambda}{(\mu-\lambda)^2} - \theta_{K1}\left(\frac{1}{\mu-\lambda} - \tau \right) - \frac{we}{\mu}$$

$$\frac{\partial \pi_{SI}}{\partial \mu} = A_t \frac{\alpha_K \lambda}{(\mu-\lambda)^2} - \frac{l\alpha_K(x_{\max}-\lambda)}{(\mu-\lambda)^2} + \frac{\theta\lambda}{(\mu-\lambda)^2} - o + \frac{we\lambda}{\mu^2} \quad (6\text{-}16)$$

式(6-15)、式(6-16)分别等于式(6-7)、式(6-8)时,则供应链协调。因此,当下面的等式成立时,供应链协调。

$$we = (1-A_t)\times c_m \frac{1}{\mu-\lambda} + (1-A_t)\times c_m \frac{\lambda}{(\mu-\lambda)^2} \times \mu$$

$$o = we \times \frac{\lambda}{\mu^2} + c + 2e\mu + f/C - (1-A_t)\times c_m \times \frac{\lambda}{(\mu-\lambda)^2}$$

其中,$\alpha_{k1} = \alpha_k / (T_{\max} - T_{\max})$, $\theta_{k1} = \theta / (T_{\max} - \tau)$。

6.4 数值分析

6.4.1 数值算例

云计算服务供应链系统外生参数的设置如表 6-2 所示,相应的数值计算如表 6-3 所示。

表 6-2 系统外生参数

l	$T_{\max}$	τ	$T_{\min}$	$x_{\max}$	$x_{\min}$
0.5	0.36	0.16	0.1	9	8.1
α_k	v	c	f	C	c_m
40	1	0.1	2	20	0.1
A_t	β	g	e	θ_k	
0.99	1	92	0.5	1	

第6章 考虑SLA、宕机迁移、能力约束的云计算服务供应链协调

表6-3 两部收费制契约下的数值分析结果

p	μ	λ	r	Th	$o(\mu)$
12.20	13.70	8.7	0.64	0.97	28.98
t_s	SLA	y_{total}	y_{ASP}	y_{AIP}	w_e
0.20	0.55	6.35	4.39	1.96	0.05

显然，如表6-3所示，供应链协调时 $we=0.05$，$o(\mu)=28.89$。需要指出的是：通过调节参数还可任意分配ASP和AIP的利润，因此两部收费制契约可实现云计算服务供应链的协调。

6.4.2 参数敏感度分析

此处研究顾客感知效用斜率、系统机会损失成本系数、拥堵成本、服务可得性对供应链的绩效指标和均衡数值的影响，下面的参数分析都是针对整个云计算服务供应链而言的，详细数值变化如表6-4、表6-5、表6-6、表6-7所示，由表格的数值计算结果可得以下结论。

（1）由表6-4可见，随着顾客对响应性要求的提高，改进系统的响应时间和服务水平变得有利可图，系统倾向于配置更高的服务能力。而服务水平的上升，则吸引了更多的前端用户，此时系统的利润也呈现出比较明显的上升趋势。因此，类似青云这样的快速响应型云服务提供商乐于为时间敏感型用户提供服务，这是它们在市场上盈利的主要原因。

表6-4 顾客感知效应的敏感度分析

a_k	p	μ	λ	r	Th	t_s	SL
40	12.222	13.729	8.721	0.635	0.969	0.2	0.551
40.1	12.244	13.758	8.741	0.635	0.971	0.199	0.552
40.2	12.265	13.787	8.76	0.635	0.973	0.199	0.553
40.3	12.286	13.816	8.779	0.635	0.975	0.199	0.553
40.4	12.308	13.844	8.799	0.636	0.978	0.198	0.554
40.5	12.329	13.873	8.819	0.636	0.98	0.198	0.555
40.6	12.351	13.902	8.838	0.636	0.982	0.197	0.555
40.7	12.372	13.931	8.858	0.636	0.984	0.197	0.556
40.8	12.393	13.96	8.877	0.636	0.986	0.197	0.557
40.9	12.415	13.989	8.897	0.636	0.989	0.196	0.557
41	12.436	14.018	8.917	0.636	0.991	0.196	0.558
41.1	12.458	14.047	8.936	0.636	0.993	0.196	0.559
41.2	12.48	14.076	8.956	0.636	0.995	0.195	0.559
41.3	12.501	14.105	8.976	0.636	0.997	0.195	0.56

(2) 如表 6-5 所示，随着机会损失成本 l 的上升，λ 上升，即系统为了避免浪费会接纳更多的用户请求，此时 ASP 会向 AIP 订购更多的服务能力，即 μ 也随之上升，因此系统的配置成本也会上升，此处的网络表现出正效应，如系统的利用率增高，服务水平上升，但是服务水平和配置成本本来就是两难均衡，这也是最后利润趋于平缓的原因。

表 6-5 机会损失成本的敏感度分析

L	p	μ	λ	r	Th	t_s	SL
0.43	12.304	13.058	8.166	0.625	0.907	0.204	0.543
0.44	12.287	13.15	8.243	0.627	0.916	0.204	0.544
0.45	12.272	13.242	8.32	0.628	0.924	0.203	0.545
0.46	12.256	13.334	8.397	0.63	0.933	0.203	0.546
0.47	12.242	13.425	8.473	0.631	0.941	0.202	0.547
0.48	12.228	13.517	8.55	0.633	0.95	0.201	0.548
0.49	12.214	13.609	8.626	0.634	0.958	0.201	0.549
0.5	12.201	13.701	8.702	0.635	0.967	0.2	0.551
0.51	12.189	13.792	8.778	0.636	0.975	0.199	0.552
0.52	12.176	13.884	8.853	0.638	0.984	0.199	0.553
0.53	12.165	13.975	8.929	0.639	0.992	0.198	0.554

(3) 如表 6-6 所示，随着拥堵成本的增加，系统的吞吐率下降，系统的利用率增加，响应时间增多，服务水平下降，利润减低。因为拥堵是与前端用户相关的参数，导致其对系统均衡到达率的影响大于对后端系统服务能力配置的影响。

表 6-6 拥堵成本的敏感度分析

v	p	μ	λ	r	Th	t_s	SL
1	12.194	13.683	8.687	0.635	0.965	0.2	0.55
1.01	12.186	13.665	8.673	0.635	0.964	0.2	0.55
1.02	12.179	13.647	8.658	0.634	0.962	0.2	0.55
1.03	12.172	13.629	8.643	0.634	0.96	0.201	0.55
1.04	12.164	13.612	8.629	0.634	0.959	0.201	0.549
1.05	12.157	13.594	8.615	0.634	0.957	0.201	0.549
1.06	12.15	13.577	8.6	0.633	0.956	0.201	0.549
1.07	12.142	13.559	8.586	0.633	0.954	0.201	0.549
1.08	12.135	13.542	8.572	0.633	0.952	0.201	0.549
1.09	12.128	13.525	8.558	0.633	0.951	0.201	0.548
1.1	12.12	13.507	8.543	0.633	0.949	0.201	0.548

(4) 如表 6-7 所示，随着服务可得性水平的升高，系统的各项绩效指标都变高，如系统的吞吐量增加，利用率上升，服务水平提高，流程时间减少，系统的经济

指标即整个系统的利润也在上升。系统可用性水平的上升，会对系统产生正效应。

表 6-7　服务可得性的敏感度分析

A_t	p	μ	λ	r	Th	t_s	SL
0.989	12.201	13.701	8.702	0.635	0.967	0.2	0.551
0.99	12.204	13.712	8.71	0.635	0.968	0.2	0.551
0.991	12.207	13.724	8.717	0.635	0.969	0.2	0.551
0.992	12.211	13.735	8.725	0.635	0.969	0.2	0.551
0.993	12.214	13.746	8.733	0.635	0.97	0.199	0.552
0.994	12.217	13.758	8.74	0.635	0.971	0.199	0.552
0.995	12.22	13.769	8.748	0.635	0.972	0.199	0.552
0.996	12.223	13.781	8.755	0.635	0.973	0.199	0.552
0.997	12.226	13.792	8.763	0.635	0.974	0.199	0.553
0.998	12.23	13.803	8.771	0.635	0.975	0.199	0.553

6.5　小　　结

本章以存在网络负外部性、迁移成本、服务中断、能力受限的云计算服务供应链为研究对象，假设对服务敏感的云端客户通过签订 SLA 协议限定 ASP 的服务质量，同时 ASP 为了保障服务质量也和 AIP 签订 SLA 协议，ASP 和 AIP 之间按时付费，客户和 ASP 之间按请求数量付费。通过构建供应链模型，验证了批发价格契约无法实现供应链协调，而两部收费制契约能够实现供应链的协调，并体现云服务计费模式的特征。通过数值算例的敏感性分析可知，当客户对响应时间、服务可得性等服务水平指标比较敏感时，提高供应链的服务水平变得有利可图。

本章研究的主要特点是在排队论的框架下，借鉴收入管理的思想，通过动态定价机制来控制需求以迎合供给，实现供需匹配。而在供应链模型中，则建立了一个和宕机风险、客户感受效应、网络延迟相关的市场均衡等式，并融合 SLA 协议中对 ASP 和 AIP 的服务可得性、响应时间的强制性规定。此外，假设云计算能力能够提供弹性资源，但虚拟机宕机时有迁移成本。显然，云计算服务供应链的建模充分考虑云服务系统的典型特征。

本章的主要研究结论如下。

（1）对比批发价契约和两部收费制契约可以发现，两部收费制改变了供应链付费结构能够实现供应链协调。这也是实践中服务型供应链通常采用两部收费制契约的原因。

(2) 良好的客户服务体验,如顾客的效用满意度系数 α_k 的提升,能提高整个系统的服务质量水平,从而产生网络正效应,促使整个云计算服务供应链利润的提高。α_k 的不同表明了客户对云服务水平的不同需求,也反映顾客支付能力的差异。因此,对用户群进行细分,针对不同的云用户进行不同的能力配置,有助于提高供应链利润。这也是青云这类型的响应型云服务供应商能够在市场中立足的原因。

(3) 高服务可得性可为供应链吸引更多的用户,从而提高供应链利润,这也是云服务提供商愿意设定高服务可得性水平的原因。

(4) 由于网络拥堵带来的网络负效应,使得以低价吸引云客户的策略会加重网络拥堵,从而导致供应链绩效降低。

第7章 能力扩展机制下的云计算服务供应链协调

本章重点研究云服务提供商面临的"容量规划"问题，以实现高效率供需匹配。本章采用需求外生的传统报童模型框架来建立云计算服务供应链模型，有别于第3章~第6章的排队论模型框架。容量规划面对的挑战是服务能力决策的两难冲突，即IT资源容量的过度配置会导致系统效率低下，配置不足则无法满足用户需求。容量规划的重点就是优化配置服务使得能力与需求差异最小化，以便系统获得预期的效率和性能。本章主要研究两种容量规划策略：①随需而配的追逐策略；②"预订+能力扩展"的混合策略。在充分考虑服务延迟成本、资源供应风险、能力易逝性等云服务系统特征的基础上，本章重点讨论"预订+能力扩展"的策略，即首先寻找一个最优的初始能力订购量，在需求超过能力预购量的时候，采用能力扩展策略来应对突增的需求，从而实现需求和供给的最优匹配，减少系统资源浪费，提高服务水平，最大化系统利润。本章提出基于金融衍生物的双向期权契约，来探讨"预订+能力扩展"策略下云计算服务供应链的协调问题，以实现高效率供需匹配。

7.1 引　　言

容量规划是确定和满足一个组织未来对IT资源、产品和服务需求的过程。云计算系统容量规划核心是IT资源容量与需求之间的高效率匹配。能力过度配置会导致系统效率低下，能力配置不足则无法满足用户需求。容量规划的重点就是优化资源配置使得能力与需求的差异最小化，获得预期的系统效率和性能。

由于需要估计"使用负载"的变化，云计算系统的容量规划颇具挑战性。在不过度配置基础设施的同时，要不断平衡峰值使用需求。若按照最大使用负载配置IT资源，就会出现不合理的资金投入；反之，有限的投资可能会出现配置不足，导致由于服务水平降低而出现交易损失和使用受限。本章主要是在报童模型框架下，尝试"预订+能力扩展"策略进行资源配置，采用双向期权契约来协调云计算服务供应链。

近期涉及"预订+期权契约"的供应链协调研究的代表性工作,是 2015 年 Wang 等在应急救援供应链协调方面的研究[33]。应急救援供应链协调和供需匹配困难,其根本原因是救援物资采购的两难冲突,即灾害发生后立刻采购能够降低运营成本,但采购价格高和缺货的可能性高;而灾害发生前预订救援物资价格低,但可能会过量订购及库存成本高。Wang 等提出了"预购+期权契约"的供需匹配策略一定程度上解决了这个应急服务能力决策的两难冲突,即灾害发生前预先支付一定费用给供应商,一旦灾害发生采购者拥有以一定价格购买救援物资的权利。这个权利使得采购者可以采购一定数量的物资而不需要支付额外费用,而且能通过延迟采购决策而降低风险,从而解决救援能力与救援成本之间的两难冲突。其研究表明,"预订+期权契约"策略优于应急救援供应链常用的"预订+回购契约"、"及时采购+退货"策略。值得注意的是,Wang 等指出对于强调响应的供应链不能只用价格来衡量单位服务的价值,要综合考虑客户的满意度以及提前期的设置。不过,需要指出的是,Wang 的模型中并没有考虑紧急调拨和预订之间的提前期的不同。此外,值得注意的是,双向期权契约由于能够给予采购者更大的灵活性,引起众多学者的关注。双向期权契约的本质是采购者购买期权以及确定初始订购量后,可根据市场的变化选择一定数量的退货或者订货,从而更有效的实现匹配供需。Zhao 等[31]以一个制造商和一个零售商组成的供应链为研究对象,基于报童模型的框架构建基于双向期权契约的供应链模型,验证了双向期权契约能够实现供应链协调。

本章提出"预订+能力扩展"的供需资源配置策略,借鉴 Wang 等和 Zhao 等的建模思路,在报童模型框架下,构建基于双向期权契约的云计算服务供应链模型。该模型的主要特征如下。

①采用服务延迟成本来表征能力紧急扩容和能力预订的提前期的不同。

②采用能力扩展机制应对需求的不确定性,体现云计算服务供应链的高风险性及应对方式。因为一旦出现大面积的云服务能力短缺,云端应用会出现大面积的崩溃,这对于提供 IT 外包服务的云计算系统是不可接受的。因此,模型中假定需求必须基本满足,当需求高过预配能力时,通过能力扩展机制来应对激增的需求。由于云服务能力是弹性伸缩的,可靠性高,故高效的能力调拨是合理的、可实现的。

③考虑云服务系统存在供应风险。尽管云计算系统可靠性达 99.999%,但仍然存在宕机的风险。因此,模型中假设系统存在供给风险,但服务供给风险较小。

④双向期权契约的应用能给予 ASP 充分的订购灵活性,需求发生前预订最优的初始能力,再根据市场变化选择一定数量的退货或者加订,有效地转移供应链的风险,实现有效的供需匹配。

7.2 问题描述和模型假设

针对由一个 AIP 和一个 ASP 组成的云计算服务供应链,采用两种策略——追逐策略和"预订+能力扩展"策略,来实现供需匹配。追逐策略是随需而配,指的是通过调整资源或者释放资源使得资源和需求能够匹配,但资源调整过程中存在服务延迟成本。由于云计算能力弹性伸缩的特征,使得短时间内改变产能成为可能,因此可实现能力改变和需求的同步。"预订+能力扩展"的策略是一种混合策略,指的是在需求没有超越预订资源的时候,通过预订的资源满足需求;当需求超过预订的资源时,则采取扩容机制提供紧急资源应对未满足的需求,但存在紧急扩容成本。两种策略如图 7-1 和图 7-2 所示。

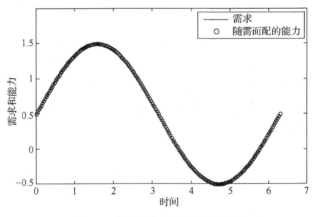

图 7-1 追逐策略下的供需匹配

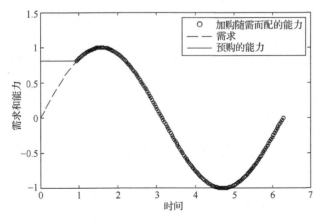

图 7-2 "预订+能力扩展"策略下的供需匹配

供应链建模的基本假设如下：

假设 1：市场需求 X 为随机需求，其分布函数为 $F(x)$，概率密度函数为 $f(x)$，ASP 提供的服务市场价格为 p。ASP 向 AIP 租用服务时有两种方式，一种是预购，即事先购买一定的服务能力 Q；二是能力扩展，即当云服务用户向云服务系统发送请求时，自动扩展监听器监听云服务，一旦初始设定的阈值 Q 被超过，AIP 马上采取扩容机制满足超过服务能力 Q 的需求。

假设 2：假设能力扩展存在小概率供给短缺风险，主要是因为能力扩容的响应性要求高，时间紧迫，在紧急调拨资源的过程中，可能会出现小概率的能力供给短缺风险。假设云服务的可得性概率为 k，则能力扩容过程中供给短缺的概率为 $1-k$。而假定预订能力的可得性概率为 100%，主要是由于预订能力的提前期较长，应该有更高的资源可得性。

假设 3：假设预购资源时单位资源的配置成本为 c_L，能力紧急扩容时单位资源的配置成本为 c_H，其中，$c_L<c_H$，主要因为紧急扩容时，资源是在需求出现后进行加急配置的，涉及资源的搜寻成本和紧急调配，因而成本高；而预购资源由于提前期较长，AIP 有足够时间为 ASP 配置服务，因而成本相对较低。同时，预购资源的批发价格 w 和紧急扩容资源的单位批发价格 η 存在关系：$w<\eta$。

假设 4：考虑服务能力的不可存储性，即预订后多余的资源将会直接损失掉，因此单位资源的残值为 0。

假设 5：扩展能力会导致服务延迟成本。能力紧急扩容需要一定的搜寻时间和配置资源时间，因而使用扩展的能力满足需求时会产生服务延迟成本，假设单位资源延迟成本为 v。

假设 6：假定存在 4 种约束关系：
① $p>\eta>w>c_H>c_L$；② $c_L>o$；③ $w-o<e<w+o$；④ $p+v-e>e$

约束①保证了 ASP 和 AIP 的利润均为正值；约束②表明 AIP 并没有激励去提供无限的初始处理能力，o 为单位资源的期权费；约束③的左边部分避免了期权总价低于预订批发价这种无意义的场景，约束③的右边部分则避免了 ASP 靠单独执行看跌期权盈利的情况；约束④避免了 ASP 比起满足终端需求更喜欢将资源返还给 AIP 的场景。

7.3 追逐策略下的云计算服务供应链

在追逐策略下，云计算服务供应链采取随需而配的方式，使得云端需求时刻和 AIP 提供的处理能力相等。处理能力的到位是在需求发生后，因此 AIP 需要在限定的时间内让能力到位,由此 AIP 必须付出高昂的紧急扩容成本,而 ASP 必须忍受一定的服务延迟成本。在这种随需而配的场景下,能力供给与需求同步,系统不存在过量订购而导致的资源浪费。

MS 策略下的 ASP 利润函数如下:

$$\Pi_{\text{MASP}} = kpE(x) - \eta E(x) - vE(x) \tag{7-1}$$

式(7-1)的第一项表示 ASP 的收入,第二项表示 ASP 付给 AIP 的转移支付,第三项代表 ASP 的服务延迟成本。

追逐策略下的 AIP 的利润函数如下:

$$\Pi_{\text{MAIP}} = \eta E(x) - c_H E(x) \tag{7-2}$$

式(7-2)的第一项表示 AIP 的收入,第二项表示 AIP 的资源搭建成本。

云计算服务供应链的整体利润是 ASP 和 AIP 的利润之和,其利润函数如下:

$$\Pi_{\text{MT}} = kpE(x) - (v + c_H)E(x) \tag{7-3}$$

7.4 "预订+能力扩展"策略下的云计算服务供应链

ASP 选择"预订+能力扩展"的策略实现云计算资源和终端云用户需求的匹配,包括能力预订和能力扩展两个阶段。第一阶段为预订阶段,综合考虑供应短缺和服务水平,ASP 首先预订一定的服务能力,订购量为 a_{ST},如果前端需求 x 低于初始容量 a_{ST},则 ASP 承担过量订购带来的资源浪费成本。第二阶段为能力扩展阶段,当前端用户需求激增,超过预订的容量 a_{ST} 时,ASP 就会追加 $[x - a_{ST}]$ 的资源订购量去满足需求,此时 AIP 必须付出高昂的紧急扩容成本,而 ASP 必须忍受一定的服务延迟成本。

7.4.1 集中决策

ASP 和 AIP 作为一个整体进行集中决策,目的是实现整个供应链利润最大化,决策变量为预购能力 a_{ST}。供应链的期望利润函数如下:

$$\begin{aligned}\Pi_{ST}(a_{ST}) = &E[p(kx + (1-k)\min\{x, a_{ST}\}) \\ &- v\max(x - a_{ST}, 0) - c_L a_{ST} \\ &- c_H \max(x - a_{ST}, 0)]\end{aligned} \tag{7-4}$$

式(7-4)中第一项表示 ASP 的收入,第二项代表需求超出预订量 a_{ST} 部分的服务延迟成本，第三项表示初始预订资源的搭建成本，第四项代表超出预订资源的高额搭建成本。

化简式(7-4)可得：

$$\begin{aligned}\Pi_{ST} = &\, pkE(x) + (1-k)p(a_{ST} - \int_0^a F(x)\mathrm{d}x) \\ &- (v+c_H)(E(x) - a_{ST} + \int_0^a F(x)\mathrm{d}x) - c_L a_{ST}\end{aligned} \quad (7\text{-}5)$$

对式(7-5)求导，可得最优的初始订购量：$a_{ST} = F^{-1}\left(\dfrac{(1-k)p+v+c_H-c_L}{(1-k)p+v+c_H}\right)$，易知 $\partial a_{ST}/\partial k < 0$，$\partial a_{ST}/\partial c_L < 0$，$\partial a_{ST}/\partial v > 0$，$\partial a_{ST}/\partial c_H > 0$，即供给风险越大，服务延迟成本越高，能力扩展成本越高，故而系统为了减少投入，会预订越多的资源，即期初为了规避风险投入越多，则需求发生后支付的能力扩容成本就越少。

7.4.2 "预订+能力扩展"策略和追逐策略的比较

集中决策时，通过对比"预订+能力扩展"策略和追逐策略下的供应链期望利润，可以明确这两个策略的优劣。这两个策略对应的供应链期望利润之差的表达式如下：

$$\begin{aligned}\Delta\Pi_{PS} = \Pi_{LS} - \Pi_{MS} &= (1-k)p\left(a_{ST} - \int_0^a F(x)\mathrm{d}x\right) \\ &\quad - (v+c_H)\left(-a_{ST} + \int_0^a F(x)\mathrm{d}x\right) - c_L a_{ST} \\ &= ((1-k)p+v+c_H-c_L)a_{ST} - ((1-k)p+v+c_H)\int_0^{a_{ST}} F(x)\mathrm{d}x \\ &= (1-k)p+v+c_H\left(rF^{-1}(r) - \int_0^{F^{-1}(r)} F(x)\mathrm{d}x\right)\end{aligned} \quad (7\text{-}6)$$

由于 $r = \dfrac{(1-k)p+v+c_H-c_L}{(1-k)p+v+c_H}$，易得 $r \in (0,1)$，因此 $rF^{-1}(r) - \int_0^{F^{-1}(r)} F(x)\mathrm{d}x > 0$，故而 $\Delta\Pi_{PS} > 0$，因此"预订+能力扩展"策略优于追逐策略。

7.4.3 分散决策

分散决策下，AIP 和 ASP 独立决策以实现各自利润最大化，即 AIP 抛出批发价格契约，AIP 向 ASP 收取批发价格 (w,η)，而 ASP 则决定最优的订购量 a_s，ASP 的期望利润函数如下：

$$II_{SASP}(a_S) = E[p(kx+(1-k)\min\{x,a_S\}) - wa_S \\ - \eta\max(x-a_S,0) - v\max(x-a_S,0)] \quad (7\text{-}7)$$

式(7-7)中第一项表示 ASP 的收入，第二项代表 ASP 付给 AIP 的预订资源费用，第三项表示 ASP 支付给 AIP 的能力扩容部分的费用，第四项代表 ASP 承受的服务延迟成本。对式(7-7)求导，可得最优的初始订购量为

$$a_S = F^{-1}\left(\frac{(1-k)p+v+\eta-w}{(1-k)p+v+\eta}\right)$$

因为 $\eta-w>c_H-c_L$，$\eta>c_H$，易得 $a_S \neq a_{ST}$，所以简单的批发价格契约根本无法实现云计算服务供应链的协调。

7.4.4 双向期权契约下的决策

基于双向期权契约协调的云计算服务供应链中，ASP 首先提交一个初始的订购量 Q，并购买数量为 q 的期权，q 为双向期权。假设需求发生时需求数量为 D，如果 $Q>D$，则 ASP 最多可以返还 q 个单位的能力获得补偿；如果 $Q<D$，ASP 可按照期权执行价格最多再订 q 个单位能力。相对于直接的批发价，期权费 o 会小于 w，但是期权的执行价格 e 会稍贵。这是因为双向期权允许 ASP 比较灵活的调节自己的订购量来实现能力和需求的按需匹配。

双向期权契约在需求变动的时候对于 ASP 更有利。当需求 $D<Q$ 时，可以通过向 AIP 最多返还 q 个单位的能力来实现预订能力和需求的匹配；当需求大于 $D>Q$ 时，可以通过向 AIP 要求 $[Q,Q+q]$ 之间的能力更有效地匹配需求。此时 ASP 的期望利润函数如下：

$$\begin{aligned}II_{LSASP}(Q,q) = & E[p(kx+(1-k)\min(x,Q+q)) - wQ \\ & - oq - e\max\{\min(x-Q,q),0\} \\ & + e\max\{\min(Q-x,q),0\} \\ & - \eta\max(x-Q-q,0) \\ & - v\max(x-Q-q,0)]\end{aligned} \quad (7\text{-}8)$$

式(7-8)中第一项表示 ASP 从终端用户中获得的收入，第二项为初始的资源订购费用，第三项为购买期权的费用，第四项为将期权作为看涨期权支付的加订资源的期权执行费用，第五项为将期权作为看跌期权返还资源所获得的回购费用，第六项为超出期权和预订资源而导致的能力扩容支付费用，第七项仍然为 ASP 需要承受的服务延迟成本。

对式(7-8)求偏导，可得 ASP 期望利润最优的必要条件为

$$\frac{\partial[\Pi_{LSASP}(Q,q)]}{\partial Q} = \eta + v + (1-k)p - w + (e - \eta - v - (1-k)p)F(Q+q)$$
$$- eF(Q-q) = 0 \tag{7-9}$$

$$\frac{\partial[\Pi_{LSASP}(Q,q)]}{\partial q} = \eta + v + (1-k)p - o - e + (e - \eta - v - (1-k)p)F(Q+q)$$
$$+ eF(Q-q) = 0 \tag{7-10}$$

联立式(7-9)和式(7-10)得出以下结论：

$$Q = \frac{1}{2}[F^{-1}(c) + F^{-1}(b)], q = \frac{1}{2}[F^{-1}(c) - F^{-1}(b)] \tag{7-11}$$

在式(7-11)中，$c = \frac{2(\eta + v + (1-k)p) - w - o - e}{2(\eta + v + (1-k)p - e)}$，$b = \frac{e + o - w}{2e}$。

双向期权契约下供应链的协调需满足 $Q + q = a_{ST}$，因此协调条件为

$$\frac{2(\eta + v + (1-k)p) - w - o - e}{2(\eta + v + (1-k)p - e)} = \frac{(1-k)p + v + c_H - c_L}{(1-k)p + v + c_H} \tag{7-12}$$

由式(7-12)得到 $e = \frac{2(\eta + v + (1-k)p) \times c_L - (w+o)(c_H + v + (1-k)p)}{2c_L - c_H - v - (1-k)p}$。

为了避免无意义的情况，期权契约参数需满足 $w - o < e < w + o$，由此得到：

$$v + (1-k)p + \eta - w < o < \min\left(\frac{(v + (1-k)p + 2\eta - 2w)c_L}{2(c_H + v + (1-k)p - c_L)}, c_L\right) \tag{7-13}$$

7.5 数值算例

本节通过数值算例来验证"预订+能力扩展"供需匹配策略的有效性，以及探讨双向期权契约对云计算服务供应链的协调效果。假设云计算服务供应链相关的外部环境参数以及相关供应链契约参数如下：

$p = 70\$, v = 6\$, c_H = 15\$, c_L = 14\$, k = 0.99, w = 28\$, \eta = 30\$, (o, e) = (9.50, 33.94)$

$$X \sim \text{Uniform}[0,100]$$

表 7-1 为数值算例的计算结果。由表 7-1 可见，"预订+能力扩展"的混合策略下的供应链期望利润为 2551.61，而追逐策略下的供应链利润为 2415，显然"预订+能力扩展"策略较优。另外，值得注意的是，在混合策略下，采用双向期权

契约的供应链的期望利润等于集中决策下的供应链期望利润,这表明双向期权契约能够有效实现云计算服务供应链的协调。另外,本例中的供应链契约参数只是实现供应链协调的一个可行解,而实际上期权费 o 作为利润分配参数,可以通过合理的取值,实现 AIP 和 ASP 之间的任意利润分配。

表 7-1 数值计算结果

策略	追逐策略	混合策略		
分析场景	集中	集中	批发价	双向期权
预购数量	0	35.48	23.71	35.48
供应链期望利润	2415	2551.61	2536.56	2551.61
AIP 的期望利润	750	—	768.44	781.43
ASP 的期望利润	1665	—	1768.12	1770.18

7.6 小　结

本章针对云服务提供商"容量规划"的服务能力决策的两难冲突,重点研究两种容量规划策略:①随需而配的追逐策略;②"预订+能力扩展"的混合策略,以实现高效率供需匹配。本章以一个 AIP 和一个 ASP 构成的供应链为研究对象,采用需求外生的传统报童模型框架来建立供应链模型,充分考虑服务延迟成本、资源供应风险、能力易逝性等云服务系统的特征。本章的研究表明"预订+能力扩展"策略能够有效实现供需匹配,即需求没有超越预订能力时,以预订的资源满足需求;当需求超过预订的能力时,则采取扩容机制提供紧急资源应对,从而实现需求和供给的最优匹配。本章还证明双向期权契约能够有效地协调基于"预订+能力扩展"策略的云计算服务供应链,高效率实现供需匹配。本章主要的研究结论如下。

(1) 高昂的紧急能力扩充成本以及服务延迟成本,使得"预购+能力扩展"策略优于随需匹配策略,因此降低紧急扩容成本,可以降低两种策略之间的差别。

(2) 双向期权契约能够有效实现云服务供应链的协调,由于契约有多组可行解,所以可以通过设定参数 o 来实现供应链各个个体之间的利润分配问题。

(3) 在"预订+能力扩展"策略下的最优预订量随供给风险 $1-k$、延迟成本 v,以及扩容成本 c_H 的增加而增加。从风险规避的角度而言,为了应对供应链的风险,期初投入能力预订资金越多,需求发生后需要支付的系统扩容成本反而越低。

第 8 章 需求信息不对称和能力扩展机制下的云计算服务供应链协调

本书的第 6 章和第 7 章都是在信息对称情况下，研究有能力限制的云计算服务供应链的供需匹配策略以及契约协调，本质上是在合作状态下的供应链运作机制的探究。但在云计算系统运作实践中，信息不对称更为常见，即云服务供应链中的某一方可能单独占有信息，并有谎报私有信息而获利的动机，从而导致供应链失调。在云服务供应链环境中，ASP 直接面对云端上的大规模用户需求，这样的供应链结构决定了市场需求信息为 ASP 私有，ASP 可能通过谎报需求信息而获利，导致供应链失调。本章以一个 AIP 和一个 ASP 构成的供应链为研究对象，通过供应链建模分析需求信息不对称下 ASP 谎报需求的原因，同时分析 AIP 主导供应链时，AIP 如何通过设计有效的供应链契约激励 ASP 提供真实的需求信息，从而进行最优服务能力决策，缓解信息不对称情况下的供应链失调问题，本研究的出发点是采用控制需求端的策略来实现供应链更佳的供需匹配。

8.1 引　　言

在需求信息不对称情况下涉及最优生产能力决策的研究中，比较有代表性的工作是 Özer 和 Wei[52]发表的研究成果，其分别采用了预购和回购混合，以及非线性预付费契约实现供应链的协调。郭琼和杨德礼[53]则在 Özer 研究的基础上，提出了期权契约来研究此类问题，其首先通过批发价格契约分析了信息不对称导致供应链效率下降的机理，并运用信号甄别理论设计相应的期权契约，激励具有信息优势的零售商，通过其期权购买量向供应商传递真实的市场需求信息，并据此优化供应商的产能和价格决策，以及零售商的期权购买策略，最终达到供应链的协作，数值算例验证了期权契约在需求信息不对称条件下的供应链协调过程中的有效性。不过，他们主要是针对传统的实体供应链。目前，关于云服务市场信息不对称的供应链协调研究中，从服务水平、服务质量抑或是服务能力信息不对称的角度进行的研究工作居多，主要以郭彦丽等的研究为代表[58,64,65,78]，而关注需求信息不对称的云计算服务供应链协调研究并不多见。本章以一个 AIP 和一个

ASP 构成的供应链为研究对象，通过供应链建模分析 AIP 主导供应链时，AIP 如何通过两部收费制契约激励 ASP 提供真实的需求信息，从而进行最优服务能力决策，实现供需匹配，缓解信息不对称情况下的供应链失调问题。采用两部收费制契约的目的是实现需求信息的揭示，即 ASP 对 AIP 的支付分成两部分：一部分是预订费 $p(\delta)$，另一部分是和预订量相关的 wa_s，其中，预订量是为了向 AIP 传递真实的需求信息，而预付费则是为了牵制 ASP，避免其为了私人利益，传递虚假需求信息。由于两部收费制契约具有不同的使用特性和协调效果，也更贴合服务供应链的特点，因此，在需求信息不对称的情况下，开展基于两部收费制契约的供应链协调研究更具有现实意义。

8.2 模型假设

本章研究对象为一个 ASP 和一个 AIP 组成的两级云计算服务供应链，ASP 面对随机需求 D，提供云计算应用服务，ASP 的云计算服务能力可随时扩充，但是存在一定延迟，故有延迟成本；同时，随时扩充的能力还存在一定的获得风险，不过由于目前云计算系统可靠性不断增强，获得风险相对较低。不同于第 7 章的信息对称的情况，此处假定更接近终端用户市场的 ASP 将会具有市场优势，即私人占有更详实的客户云端需求信息，从而有谎报需求而获利的可能性；而 AIP 在信任危机中会出于自利的目的，进行信息真实性的判别支持决策。

假设 1：需求被拆分成两部分，ASP 和 AIP 的共有需求信息为 x，其分布函数和密度函数分别为 $F(x)$ 和 $f(x)$，其均值为 μ，以及 ASP 由于接近市场而获得的私有云用户需求信息为 δ，其分布函数和密度函数分别为 $G(x)$ 和 $g(\delta)$，因此真正的需求为 $D = x + \delta$。

假设 2：在分散情况下，由于 AIP 知道 ASP 存在谎报市场需求的可能性，AIP 不再遵循 make-to-order 策略，也就是说，并不是 ASP 要求多少的预订产能能力，AIP 就会提供多少的产能，相反的是 AIP 会根据自己对终端云市场的了解，以及对需求不确定性的理解而自发的组织相应的能力，来应对终端市场并不准确的市场需求。

假设 3：契约场景的设计中，由于 ASP 具有不诚实属性即谎报需求信息的可能性，因此此处的 leader-follower 博弈中，AIP 将充当领导者，通过制定契约使得跟随者 ASP 说出真实的需求信息，从而避免市场失效。

其他假设条件与第 7 章相同。

8.3 供应链建模与分析

8.3.1 完全信息下的集中决策

集中决策下,AIP 和 ASP 隶属于同一家公司,作为一个整体提供云服务,供应链整体利润函数的形式和第 7 章类似,只不过是将私有需求信息单独拆分出来,目标函数如下所示:

$$\max II_{ST}(a_{ST}) = E[p(kx+(1-k)\min\{x,a_{ST}\}) \\ -v\max(x-a_{ST},0)-c_L a_{ST} \\ -c_H \max(x-a_{ST},0)] \tag{8-1}$$

对式(8-1)求导,可得:

$$a_{ST} = \mu + \delta + G^{-1}\left(\frac{(1-k)p+v+c_H-c_L}{(1-k)p+v+c_H}\right) \tag{8-2}$$

8.3.2 需求信息不对称下的分散决策

分散决策的情况是在批发价格契约协调下,AIP 和 ASP 以实现各自利润最大化为目标进行独立决策。

ASP 的利润函数如下:

$$II_{SASP}(a_S) = E[p(kx+(1-k)\min\{x,a_S\})-wa_S \\ -\eta\max(x-a_S,0)-v\max(x-a_S,0)] \tag{8-3}$$

AIP 的利润函数如下:

$$II_{SAIP}(a_S) = E[wa_S + \eta\max(x-a_S,0) \\ -c_H\max(x-a_S,0)-c_L a_S] \tag{8-4}$$

分散决策下,易知 $a_{Sf} = \mu + \xi + F^{-1}\left(\frac{(1-k)p+v+\eta-w}{(1-k)p+v+\eta}\right)$,而且 ASP 的利润 I_{SAP} 随着 a_{Sf} 的增加而增加,故而 ASP 有谎报需求信息的可能性。因此,AIP 不会再执行像第 7 章一样的 make-to-order 策略,而是会根据 AIP 自己关于 δ 的先验

分布和市场需求不确定性 x 的联合分布提供能力,此时系统的预配置能力如下所示:

$$a_O = \mu + (\text{FoG})^{-1}\left(\frac{\eta - w + c_L - c_H}{\eta - c_H}\right) \quad (8\text{-}5)$$

8.3.3 需求信息不对称下的两部收费制契约协调

AIP 处于供应链的主导地位,为了获得确切的需求信息 δ,在需求来临前,AIP 提供契约 $p(\delta)$ 给 ASP 选择,ASP 在选择契约参数后,就相当于把真实的需求信息传递给了 AIP,AIP 则可以据此来预配能力。ASP、AIP 和云服务供应链整体的利润函数分别如下:

$$\begin{aligned}\Pi_{\text{ASP}} = &E[p(kx(\delta) + (1-k)\min\{x(\delta), a_S(\hat{\delta})\}) - wa_S(\hat{\delta}) \\&- \eta\max(x(\delta) - a_S(\hat{\delta}), 0) - v\max(x(\delta) - a_S(\hat{\delta}), 0)] - P(\hat{\delta})\end{aligned} \quad (8\text{-}6)$$

$$\begin{aligned}\Pi_{\text{AIP}}(a_S(\hat{\delta}), P(\hat{\delta}), \delta) = &E[\eta\max(x(\delta) - a_S(\hat{\delta}), 0) + wa_S(\hat{\delta}) \\&- c_L a_S(\hat{\delta}) - c_H\max(x(\delta) - a_S(\hat{\delta}), 0)] + P(\hat{\delta})\end{aligned} \quad (8\text{-}7)$$

$$\begin{aligned}\Pi_{\text{total}}(a_S(\hat{\delta}), \delta) = &E[p(kx(\delta) + (1-k)\min\{x(\delta), a_S(\hat{\delta})\}) - v\max(x(\delta) \\&- a_S(\hat{\delta}), 0) - c_L a_S(\hat{\delta}) - c_H\max(x(\delta) - a_S(\hat{\delta}), 0)]\end{aligned} \quad (8\text{-}8)$$

因此,体现信息揭示理论的 AIP 的优化模型如下:

$$\max_{Q(.), p(.)} E\prod\nolimits_{\text{AIP}}^{o}(\hat{\delta}, \delta) \quad (8\text{-}9)$$

$$\text{IC}: \prod\nolimits_{\text{ASP}}^{o}(\delta, \delta) = \max_{\hat{\delta}=\delta}\prod\nolimits_{\text{ASP}}^{o}(\hat{\delta}, \delta) \quad (8\text{-}10)$$

$$\text{PC}: \prod\nolimits_{\text{ASP}}^{o}(\delta, \delta) \geq \prod\nolimits_{\text{ASP}}^{o}\min \quad (8\text{-}11)$$

信息揭示原理要求满足激励相容约束,式(8-10)要求 AIP 抛出的契约使得 ASP 在接受契约时显示出真实的需求信息,同时实现自身利益最大化。式(8-11)则表明为了使得 ASP 能够参与契约机制,ASP 所获得的利润要大于行业基本收益,也就是所谓的市场保留利润 $\prod_{\text{ASP}}\min$。

对式(8-6)求导可得：

$$\frac{d\pi_{ASP}^o(\delta)}{d\delta} = \frac{\partial \Pi_{ASP}^o(a_s(\hat{\delta}), P(\hat{\delta}), \delta)}{\partial \delta}\bigg|_{\hat{\delta}=\delta} = ((1-k)p+\eta+v)G(a_s(\delta)-\delta)+pk-\eta-v \quad (8\text{-}12)$$

对式(8-12)进行积分，并将 $\prod_r^o \min = \prod_r^o(Q(a), p(a), a)$ 代入，可得：

$$\pi_{ASP}^o(\delta) = \prod_{ASP}^o \min + \int_a^\delta [((1-k)p+\eta+v)F(Q(m)-m)+pk-\eta-v]dm \quad (8\text{-}13)$$

$$\begin{aligned}
E\prod_{ASP}^o(\hat{\delta},\delta) &= \int_a^b \left[\Pi^o(\delta) - \pi_{ASP}^o(\delta)\right]d\delta \\
&= \int_a^b [\Pi^o(\delta) - \int_a^\delta[((1-k)p+\eta+v)F(Q(m)-m) \\
&\quad + pk]dm]f(\delta)d\delta - \prod_r^o \min \\
&= \int_a^b [\Pi^o(\delta) - \frac{1-F(\delta)}{f(\delta)}((1-k)p+\eta+v) \times (F(Q(m)-m) \\
&\quad + (pk-\eta-v)(\delta-a))]f(\delta)d\delta - \prod_r^o \min
\end{aligned} \quad (8\text{-}14)$$

对式(8-14)求一阶导数得到：

$$((1-k)p+v+c_H)(1-G(a_s-\delta))-c_L-\frac{1-F(\delta)}{f(\delta)}((1-k)p+\eta+v)g(a_s-\delta)=0 \quad (8\text{-}15)$$

$$\begin{aligned}
P(\delta) &= E[p(kx(\delta)+(1-k)\min\{x(\delta),a_S(\delta)\})-wa_S(\delta)-\eta\max(x(\delta) \\
&\quad -a_s(\delta),0)-v\max(x(\delta)-a_S(\delta),0)]-\pi_{ASP}^o(\delta)
\end{aligned} \quad (8\text{-}16)$$

所以满足上述条件的契约 $\{P(\delta), a(\delta)\}$ 为供应链的最优两部收费制契约形式，其中，$P(\delta)$ 为产能的预付费用，$a(\delta)$ 为 ASP 的最优组织产能。

8.4 数值验证部分

8.4.1 数值算例

假定 ASP 和 AIP 共享的云端市场需求信息是[7,17]的均匀分布，ASP 私有的云端需求信息是 $\delta=3$，AIP 关于 δ 的先验分布为位于区间[-5,5]的均匀分布，其他的相关参数为 $c_L=2, c_H=3, p=15, w=2.4, \eta=3.6, v=0.5, k=0.99$。

通过计算可得：

$$a_{ST} = \mu + \delta + G^{-1}\left(\frac{(1-k)p+v+c_H-c_L}{(1-k)p+v+c_H}\right) = \mu + \delta + G^{-1}(0.452) = -0.479 + 12 + 3 = 14.52$$

$$a_O = (FoG)^{-1}\left(\frac{\eta - w + c_L - c_H}{\eta - c_H}\right) = \mu + (FoG)^{-1}(1/3) = 10.165$$

$$a_{S1} = G^{-1}\left(\frac{c_H - c_L + F(\delta)((1-k)p + \eta + v) - \eta}{(1-k)p + v + c_H}\right) + \mu + \delta = 12.19$$

将其代入求解，则预订费为

$$p(\delta) = E[p(kx(\delta) + (1-k)\min\{x(\delta), a_S(\delta)\}) - wa_S(\delta) - \eta\max(x(\delta) - a_S(\delta), 0)$$
$$- v\max(x(\delta) - a_S(\delta), 0)] - \pi_{ASP}^o(\delta)$$
$$= 0.4674$$

详细的计算结果见表 8-1。

表 8-1　需求信息不对称下的供应链利润分配

场景	ASP 利润		AIP 利润		供应链利润	
契约	批发价	两部收费制	批发价	两部收费制	批发价	两部收费制
信息不对称	192.35	194.62	5.17	5.37	197.52	199.99

由表 8-1 的计算结果及相关计算可得如下结论。

（1）信息对称下的供应链利润为 200.98，批发契约下的云服务供应链的利润为 197.52，而两部收费制契约下的服务供应链的利润则为 199.99。显然，需求信息不对称的确是导致供应链失效的一个原因，而两部收费制契约则可实现供应链的帕累托改进，使得供应链及其成员的利润大于分散决策时的供应链绩效。此时，为了获得真实的需求信息必须付出的信息租金为 0.99，为了达到供应链协调的预支付为 0.4674。

（2）对比 ASP 的利润和 AIP 的利润，可发现占有私有需求信息的 ASP 更有市场优势，其利润占比远大于 AIP。显然，市场会偏向于具有私人信息的一方，这也是信息独享所带来的优势的体现。

8.4.2　敏感度分析

为了关注私有需求信息变化对供应链各方面造成的影响，下面分别探讨需求信息 δ 变化对预订费 $p(\delta)$、信息租金、预订产能的影响，详细的变化如图 8-1~图 8-3 所示。

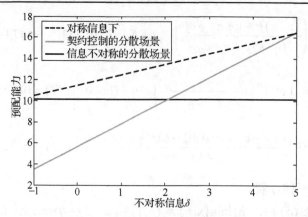

图 8-1　不同场景下的预配产能变化

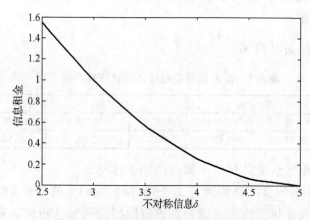

图 8-2　信息租金随不对称信息的变化

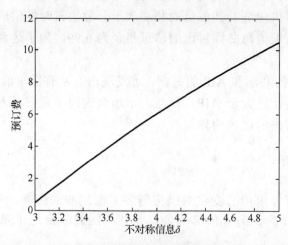

图 8-3　预订费随不对称信息的变化

由图 8-1～图 8-3 可以得出与不对称信息 δ 相关的结论。

(1) 由图 8-1 可见，信息对称下的预购能力随着需求信息不对称量 δ 的增加而增加，并且始终不等于信息不对称分散决策下所设定的预购能力，间接证明了供应链失效的原因，即能力配置的不一致。

(2) 由图 8-2 可见，信息租金随着不对称信息 δ 的增大而减小，甚至有可能为 0。这是因为分散决策场景下 ASP 有抬高 δ 的动机（见前文分析）。因此，当 δ 的真实值是最高值时，ASP 已经没有谎报的 δ 值，此时通过合适的机制设计，能够实现和信息对称场景一样的供应链利润。

(3) 由图 8-3 可看出，预付费 $p(\delta)$ 随着不对称信息 δ 的增大而增大。由前文分析可知，ASP 有抬高 δ 值而获利的可能性。因此，为了抑制 ASP 这种利己行为，可通过契约参数设置使得随着 δ 的增大而导致 ASP 的预订费支出值 $p(\delta)$ 也增加，从而降低 ASP 的收益。因此，此处 $p(\delta)$ 的数值变化是正常的。

8.5 小　　结

本章重点研究需求信息不对称和能力扩展机制下的云计算服务供应链协调问题，是第 7 章云计算服务供应链协调研究的延续，目的是在考虑能力扩展机制的情况下，进一步研究连续型的需求信息的不对称对供应链绩效的影响。主要是通过供应链建模分析了需求信息不对称下 ASP 谎报需求的原因，探讨了 AIP 主导供应链时，利用信号揭示原理，AIP 如何通过设计两部收费制契约激励 ASP 提供真实的需求信息，从而进行最优服务能力决策，实现供应链的帕累托改进。主要的研究结论如下。

(1) 需求信息不对称下，云计算服务供应链的失调主要源于分散决策场景下的最优预购能力不等于信息对称情况下的最优能力配置，而所设计的两部收费制契约能够使得在契约机制下的云计算服务供应链绩效优于分散决策时的绩效，但较集中决策时的利润略低。这表明契约的存在可以有效改善需求信息不对称下的供应链的绩效。

(2) 为了获得真实的需求信息，云计算服务供应链必然需要缴纳信息租金，而所付出的信息揭示成本被认为是供应链失调的主要原因。但是当 δ 值取上限的时候，ASP 的利己行为消失，供应链的利润与需求信息对称场景下的利润相同。因此，在特定云服务场景下，信息不对称下的供应链也是可以实现协调的。

第 9 章 总结与展望

9.1 研 究 总 结

本书主要以 AIP 和 ASP 构成的二级云计算服务供应链为研究对象,采用供应链契约理论,从供需匹配的视角开展云计算服务供应链的协调策略研究,充分考虑了云计算服务供应链按需定制、即买即用、按量付费的特征。主要研究工作和成果包括两个部分,第一部分主要是假设云计算服务能力无限的情况下,在排队论框架下,开展云计算服务供应链的协调策略的研究,分别从用户等待成本不对称、服务中断补偿、云基础设施供应商选择等角度,定量分析云计算服务供应链的运行机理及协调策略;第二部分主要是从供需匹配的视角,假设云计算服务能力有限制的情况下,开展云计算服务供应链的协调策略研究,分别从供应端、需求端及供应端+需求端,研究供应链的供需匹配策略,提出基于双向期权契约、两部收费制契约的云计算供应链的协调策略。本书的主要研究工作和成果如下。

(1)构建研究对象的基础模型。

云平台提供商(AIP)与云应用提供商(ASP)组成了云系统,ASP 从 AIP 处通过网络租赁计算、存储等资源,进行应用的研发、测试、部署和维护等,供终端用户通过网络接入使用。云系统与终端用户之间用 M/M/1 排队系统进行模拟,并考虑用户的等待成本,市场均衡条件是用户的边际收益等于其边际成本。AIP 具有非线性的成本结构,具体为 $C(\mu)=c\mu+e\mu^2$;它与 ASP 之间存在转移支付,转移支付的形式由 AIP 与 ASP 之间使用的契约决定。

(2)探究用户等待成本信息不对称下的云计算服务供应链的协调。

通过数值验证及公式推导双重证明,固定批发价格下的收益共享契约不能避免信息不对称时 ASP 谎报用户单位时间等待成本 v 的问题(ASP 为获得更多利润有夸大 v 的倾向),即起不到激励信息共享的作用,自然无法协调该情形下的云计算服务供应链。

因此,本书尝试使用基于成本的服务能力定价策略,发现该策略不受 ASP 传递的信息的影响,既能协调供应链,又能防止机会主义行为,从而通过控制最优能力订货量来匹配供需,其形式为 $\omega(\mu) = f + c\mu + e\mu^2$,其中,参数 f 用于调节利润分配,是 AIP 收回成本后的纯收益。

(3) 探究伴有服务中断的按时间收费的云计算服务供应链的协调。

AIP 宕机等引起的服务中断通常是大面积的,会给 ASP 及终端用户带来巨大的损失,为此,在选择供应商的时候需慎重考虑其服务水平和中断补偿机制。

存在服务中断的假设改变了市场均衡条件。分析发现,集中决策情形下,无论是否提供给市场补偿,补偿力度多大,都不会影响供应链的最大利润,直接影响供应链整体利润和市场规模的是稳定性指标(即服务可用时间百分比 AT),而非对市场的补偿系数 l。因此,提高服务可用水平才能真正有效地提高供应链整体的绩效。进一步研究发现,为了实现协调,AIP 与 ASP 之间的补偿并非必要条件,只要两者之间的收费模式满足 $\omega(\mu) = f_1 + c\mu + e\mu^2$ 即可。结合第(2)条中得到的结论可知,基于成本的定价策略具有较强的抗干扰性。

(4) 探究受服务水平和网络效应影响的 ASP 逆向选择问题。

云平台提供商 AIP 的服务水平 AT 由其技术水平 a 和努力水平 e 共同决定,满足 $AT = 1 - a^e$,AIP 的努力成本为 $b \cdot e$。当技术水平是 AIP 的私有信息时,ASP 需要制定合适的契约从服务质量层次不齐的云平台提供商中挑选出高技术水平的 AIP 进行合作。

为此,本部分首先探讨了 AIP 技术水平信息对称下集中、分散两种情况的供应链运作作为参考,紧接着分析了 AIP 技术水平不对称时 ASP 可采取的两种决策及其相应的结果,最后对用户单位时间等待成本、网络效应因子这两个参数进行了敏感度分析。集中决策情形下的分析证明为防止网络效应带来的负面影响,在技术水平不变的情况下,AIP 需付出更大的努力成本,将服务可用时间维持在一个高水平上。当信息完全对称时,运用"基于批发价格的收益共享与成本共担联合契约"可以协调 AIP 与 ASP 分散决策时的供应链,条件是收益共享比例应与其承担的成本比例相一致。

当 AIP 的技术水平为其私有信息时,上述联合契约无法同时实现该云计算服务供应链的协调和不同技术水平 AIP 的分离均衡。当 ASP 以最大化整体利益为目标进行决策时,利用"基于批发价格的收益共享与成本共担联合契约"可以使该情形下的总利润等于集中决策时的总利润(即实现协调),但是只能实现不同技术水平 AIP 的"混同均衡",具体表现为:ASP 为不同水平的 AIP 提供的是同一套契约参数,使得高水平与低水平的 AIP 都存在于市场,且分得的利润相近。当 ASP 以最大化自身利益为目标进行决策(非整体最优决策)时,上述联合契约只能实现 AIP 的"分离均衡",具体表现为:ASP 攫取了几乎全部的供应链利润,低水平的 AIP 将因无利可图退出市场,而高水平的 AIP 从单个 ASP 获得的利润是较低的,需争取更多不同业务类型的 ASP 进行合作。

(5) 探究考虑 SLA、迁移成本和能力约束的云计算服务供应链协调问题。

以存在网络负外部性、迁移成本、服务中断、能力约束的云计算服务供应链为研究对象,假设对服务敏感的云端客户通过签订 SLA 协议限定 ASP 的服务质量,同时 ASP 为了保障服务质量也和 AIP 签订 SLA 协议,ASP 和 AIP 之间按时付费,客户和 ASP 之间按请求数量付费,通过构建供应链模型,验证了批发价格契约无法实现云计算服务供应链协调,而提出"预付+按需"的两部收费制契约,符合云服务计价特点,能够实现供应链的协调。通过数值的敏感性分析可知,当客户对响应时间、服务可得性等服务水平指标比较敏感时,提高供应链的服务水平变得有利可图。本研究的特点是运用动态定价机制来实现排队论框架下的风险管理,建立了一个和宕机风险、客户感受效应、网络延迟相关的市场均衡等式,并将 ASP 和 AIP 的 SLA 合同协议融入到供应链成员的利润函数,同时假设云计算能力能够提供弹性资源,但虚拟机宕机时有迁移成本。

(6) 探究能力扩展机制下的云计算服务供应链协调问题。

针对由一个 AIP 和一个 ASP 组成的云计算服务供应链,在考虑需求外生、紧急扩容成本、服务延迟成本、能力不可存储性等特征的基础上,采用报童模型的研究框架,研究两种供需匹配策略:①随需而配策略,即通过调整资源或者释放资源使得资源和需求能够匹配,但资源调整过程中存在服务延迟成本;②预订+能力扩展策略,即预订策略和扩容机制相结合,在需求没有超越预订资源的时候,通过预订的资源满足需求;当需求超过预订的资源时,则采取扩容机制提供紧急资源应对未满足的需求,但存在紧急扩容成本。数学分析和算例表明:预订+能力扩展策略优于随需而配策略,并且使用双向期权契约能够实现"预订+能力扩展"场景下的供应链协调。

(7) 探究基于需求信息不对称和能力扩展机制的云计算服务供应链协调问题。

本部分研究是在具有能力扩展机制的云计算服务供应链模型的基础上,考虑 ASP 直接对接云端上的大规模用户需求,占据私有需求信息并可能谎报需求获利,而 AIP 作为供应链的主导者则考虑如何通过设计合适的供应链契约,实现 ASP 私有需求信息的信号揭示,缓解信息不对称情况下的供应链失效协调的问题。这是通过控制需求端的策略来实现供应链更佳的供需匹配。研究表明,两部收费制契约能够实现对供应链 ASP 私有需求信息的揭示,实现云市场需求不对称下的供应链的帕累托改进,使得 AIP 主导下的云服务供应链及其成员期望利润大于分散决策下的期望利润,但是由于信息租金或者信息揭示成本的存在,供应链系统会不可避免地存在价值损失。

9.2 研究展望

基于供应链契约理论开展云计算服务供应链的协调策略研究是研究云计算服务供应链协调机制的有效途径,将有助于应对"即买即用、按需定制、按量付费的云服务模式"带来的协调复杂性问题,高效率实现供需匹配。这对于提高云计算服务供应链的运作效率和服务水平,从而提升整个云计算产业链的发展水平具有重要意义。不过,本书主要是以 AIP、ASP 构成的二级云计算服务供应链为研究对象,对于具有复杂的运作环境和系统结构的云计算服务供应链而言,二级 SaaS 供应链契约的研究关注的仅仅是一个局部的问题,开展基于契约的多层级的供应链协调研究会更具实用价值。本书只是基于双向期权、两部收费制等少数类型的供应链契约开展云计算服务供应链的协调研究,其他典型的供应链契约对云服务供应链的协调效率和效果尚需验证,特别是对于多层级的供应链协调效果更是需要进一步研究。此外,目前供应链契约方法研究的是静态的数学模型,对系统的分析是静态的方法,而按需定制的云计算服务供应链是一个不断发展变化的系统,市场需求的变化是瞬息万变的,假设需求为单一连续的概率模型并不适用,将云计算服务供应链契约的研究放在一个动态的环境下将更具实际意义。另外,由于用户是将数据和应用部署在云平台,实现 IT 系统外包,因而一旦云计算系统宕机将会导致用户损失巨大。因此,用户对于云服务安全性的关注会持续存在,而云计算系统的技术相关信息的不对称也是不可避免的,故而考虑信息不对称、服务中断等场景下的云计算服务供应链的协调研究将注定是一个持久的研究热点。另一个值得注意的问题是,目前云计算服务供应链的契约协调研究更多的是在理论层面上的探讨,针对云计算服务供应链的契约的实证研究则鲜见报道。

因此,未来云计算服务供应链协调机制的研究将朝着以下几个方向进行。

(1) 基于供应链契约的多层级云计算服务供应链研究,如以 AIP、APP、ASP 构成的三级供应链为研究对象,基于经典的供应链契约或者设计联合契约,来实现多级云计算服务供应链的协调。

(2) 针对即买即用、按需定制、按量付费的云服务模式,从动态角度开展云计算服务供应链的协调策略的研究,如将系统动力学和供应链契约相结合,建立云计算服务供应链的动态模型,从动态角度研究和验证契约的协调效果,深入理解云计算服务供应链在契约协调下随时间变化的行为规律,认识影响服务供应链运作的关键因素,以优化设计云计算服务供应链的协调策略。

(3)基于信息不对称、服务中断的云计算服务供应链的协调策略研究。

(4)开展云计算服务供应链的契约的实证研究,即以某典型的云计算服务供应链为研究对象,开展实证研究,验证基于契约的供应链协调策略的有效性。

参 考 文 献

[1] 张为民. 云计算: 深刻改变未来. 北京: 科学出版社, 2009.

[2] 董晓霞, 吕廷杰. 云计算研究综述及未来发展. 北京邮电大学学报(社会科学版), 2010, 12(5): 76-81.

[3] Böhm M, Koleva G, Leimeister S, et al. Towards a generic value network for cloud computing// Economics of Grids, Clouds, Systems, and Services, International Workshop, Gecon 2010, Ischia, Italy, August 31, 2010. Proceedings. DBLP, 2010: 129-140.

[4] Demirkan H, Cheng H, Bandyopadhyay S. Coordination strategies in an SaaS supply chain. Journal of Management Information Systems, 2010, 26(4): 119-143.

[5] Buyya R, Yeo C S, Venugopal S, et al. Cloud computing and emerging IT platforms: Vision, hype, and reality for delivering computing as the 5th utility. Future Generation Computer Systems, 2009, 25(6): 599-616.

[6] Gartner. Gartner forecasts worldwide public cloud services revenue to reach $260 billion in 2017. https://www.gartner.com/newsroom/id/3815165.

[7] 张丽, 严建援. 基于SaaS模式的IT服务供应链框架研究. 信息系统工程, 2010(12): 37-40.

[8] 刘伟华, 刘西龙. 服务供应链管理. 北京: 中国物资出版社, 2009.

[9] Cachon G P. Supply chain coordination with contracts. Handbooks in Operations Research & Management Science, 2003, 11(11): 227-339.

[10] 黄小原. 供应链运作: 协调、优化与控制. 北京: 科学出版社, 2007.

[11] 秦聪慧. IBM 2017 财年云业务营收 170 亿美元同比上涨 24%. http://cloud.idcquan.com/yzx/135142.shtml.

[12] 中国 IDC 圈. 2018 全球十大云服务商数据中心建设布局海外云服务市场. http://cloud.ofweek.com/news/2018-03/ART-178804-8470-30211889.html.

[13] 王刚. 微软公布 2017 年 Q4 财报云计算和 Office 业务依旧强劲. http://cloud.idcquan.com/yzx/121960.shtml.

[14] 腾讯科技. 云计算巨头同日公布业绩:谷歌云首次突破单季 10 亿美元. http://tech.qq.com/a/20180202/020214.htm.

[15] 凤凰科技. 亚马逊云业务年营收超170亿美元成第五大商业软件公司. http://www.techweb.com.cn/data/2018-02-05/2635870.shtml.

[16] 李正豪. 阿里云年营收破百亿连续 11 个季度规模翻番. 中国经营报, 2018-2-1.

[17] 百家号. 腾讯云 2017 年营收有多少. http://baijiahao.baidu.com/s?id=1596175328844595625&wfr=spider&for=pc.

[18] Arshinder K, Kanda A, Deshmukh S G. A review on supply chain coordination: Coordination mechanisms, managing uncertainty and research directions. International Handbooks on Information Systems, 2011: 39-82.

[19] Durao F, Carvalho J F, Fonseka A, et al. A systematic review on cloud computing. Journal of Supercomputing, 2014, 68(3): 1321-1346.

[20] 于亢亢. 服务供应链的模型与构建. 江苏商论, 2007(21): 156-158.

[21] Chan H K, Chan F T S. A review of coordination studies in the context of supply chain dynamics. International Journal of Production Research, 2010, 48(10): 2793-2819.

[22] Pasternack B A. Optimal pricing and return policies for perishable commodities. Marketing Science, 2008, 27(1): 133-140.

[23] Tsay A A. The quantity flexibility contract and supplier-customer incentives. Management Science, 1999, 45(10): 1339-1358.

[24] Gerchak Y, Wang Y. Revenue-sharing vs. wholesale-price contracts in assembly systems with random demand. Production & Operations Management, 2010, 13(1): 23-33.

[25] Mantrala M K, Raman K. Demand uncertainty and supplier's returns policies for a multi-store style-good retailer. European Journal of Operational Research, 1999, 115(2): 270-284.

[26] Yaoabbc Z. Analysis of the impact of price-sensitivity factors on the returns policy in coordinating supply chain. European Journal of Operational Research, 2008, 187(1): 275-282.

[27] Evan L P. The newsvendor problem. International Series in Operations Research & Management Science, 2008, 115: 115-134.

[28] Stackelberg H V. Market structure and equilibrium. Market Structure & Equilibrium, 2011, 48(3): 547-549.

[29] Luo M, Li G, Wan C L J, et al. Supply chain coordination with dual procurement sources via real-option contract. Computers & Industrial Engineering, 2015, 80: 274-283.

[30] Nosoohi I, Nookabadi A S. Outsource planning through option contracts with demand and cost uncertainty. European Journal of Operational Research, 2014, 250(1): 131-142.

[31] Zhao Y, Ma L, Xie G, et al. Coordination of supply chains with bidirectional option contracts. European Journal of Operational Research, 2013, 229(2): 375-381.

[32] Barnesschuster D, Bassok Y, Anupindi R. Coordination and flexibility in supply contracts with options. Manufacturing & Service Operations Management, 2002, 4(4): 171-207.

[33] Wang X, Li F, Liang L, et al. Pre-purchasing with option contract and coordination in a relief supply chain. International Journal of Production Economics, 2015, 167: 170-176.

[34] Essegaier S, Gupta S, Zhang Z J. Pricing access services. Marketing Science, 2002, 21(2): 139-159.

[35] Schlereth C. Optimization and analysis of the profitability of tariff structures with two-part tariffs. European Journal of Operational Research, 2010, 206(3): 691-701.

[36] Zaccoura G. On the coordination of dynamic marketing channels and two-part tariffs. Automatica, 2008, 44(5): 1233-1239.

[37] Wang Y, Wallace S W, Shen B, et al. Service supply chain management: A review of operational models. European Journal of Operational Research, 2015, 247(3): 685-698.

[38] So K C. Price and time competition for service delivery. Manufacturing & Service Operations Management, 2011, 2(4): 392-409.

[39] Sharif A M, Irani Z, Love P E D, et al. Evaluating reverse third-party logistics operations using a semi-fuzzy approach. International Journal of Production Research, 2012, 50(9): 2515-2532.

[40] Jina T. Optimizing reliability and service parts logistics for a time-varying installed base. European Journal of Operational Research, 2012, 218(1): 152-162.

[41] Hu Y, Qiang Q. An equilibrium model of online shopping supply chain networks with service capacity investment. Service Science, 2016, 5(3): 238-248.

[42] Xu L, Govindan K, Bu X, et al. Pricing and balancing of the sea-cargo service chain with empty equipment repositioning. Computers & Operations Research, 2015, 54: 286-294.

[43] Yu L, Zhang J. Pricing for shipping services of online retailers: Analytical and empirical approaches. Decision Support Systems, 2012, 53(2): 368-380.

[44] Liu W H, Xie D, Xu X C. Quality supervision and coordination of logistic service supply chain under multi-period conditions. International Journal of Production Economics, 2013, 142(2): 353-361.

[45] Liu W H, Xie D. Quality decision of the logistics service supply chain with service quality guarantee. International Journal of Production Research, 2013, 51(5): 1618-1634.

[46] Chenab X. Joint logistics and financial services by a 3PL firm. European Journal of Operational Research, 2011, 214(3): 579-587.

[47] Corbett C J, Groote X D. A supplier's optimal quantity discount policy under asymmetric information. Management Science, 2000, 46(3): 444-450.

[48] Corbett C J, Zhou D, Tang C S. Designing supply contracts: Contract type and information asymmetry. Management Science, 2004, 50(4): 550-559.

[49] Lauab H L. Some two-echelon style-goods inventory models with asymmetric market information. European Journal of Operational Research, 2001, 134(1): 29-42.

[50] Babichabbc V. Contracting with asymmetric demand information in supply chains. European Journal of Operational Research, 2012, 217(2): 333-341.

[51] Zhou Y W. A comparison of different quantity discount pricing policies in a two-echelon channel with stochastic and asymmetric demand information. European Journal of Operational Research, 2007, 181(2): 686-703.

[52] Özer Ö, Wei W. Strategic commitments for an optimal capacity decision under asymmetric forecast information. Management Science, 2006, 52(8): 1238-1257.

[53] 郭琼, 杨德礼. 需求信息不对称下基于期权的供应链协作机制的研究. 计算机集成制造系统, 2006, 12(9): 1466-1471.

[54] Spinler S. The valuation of options on capacity with cost and demand uncertainty. European Journal of Operational Research, 2006, 171(3): 915-934.

[55] Balachandran K R, Radhakrishnan S. Cost of congestion, operational efficiency and management accounting. European Journal of Operational Research, 1996, 89(2): 237-245.

[56] Radhakrishnan S, Balachandran K R. Service capacity decision and incentive compatible cost allocation for reporting usage forecasts. European Journal of Operational Research, 2004, 157(1): 180-195.

[57] Hasija S, Pinker E J, Shumsky R A. Call center outsourcing contracts under information asymmetry. INFORMS, 2008.

[58] 李新明, 廖貅武. 服务供应链视角下 SaaS 模式免费试用策略分析. 运筹与管理, 2013(5): 43-50.

[59] Chari V V, Shourideh A, Zetlinjones A. Reputation and persistence of adverse selection in secondary loan markets. American Economic Review, 2014, 104(12): 3885-3920.

[60] Bolton P, Dewatripont M. Contract Theory. Cambridge: MIT Press, 2015.

[61] Chang H, Cvitanić J, Zhou X Y. Optimal contracting with moral hazard and behavioral preferences. Journal of Mathematical Analysis & Applications, 2015, 428(2): 959-981.

[62] Spence M. Job market signaling. Quarterly Journal of Economics, 1973, 87(3): 355-374.

[63] Jäätmaa J. Financial aspects of cloud computing business models. Helsinki: Aalto University, 2010.

[64] 郭彦丽. 基于收益分配的 SaaS 服务供应链协调契约研究. 天津: 南开大学, 2011.

[65] 严建援, 鲁馨蔓. 云服务供应链定价补偿及风险控制研究. 北京: 科学出版社, 2016.

[66] Frank F, Freda T. Cloud computing as a supply chain. Minnesota: Walden University, 2009.

[67] Armbrust M, Fox A, Griffith R, et al. A view of cloud computing. International Journal of Computers & Technology, 2010, 53(4): 50-58.

[68] Pal R, Pan H. Economic Models for Cloud Service Markets: Pricing and Capacity Planning. Amsterdam: Elsevier Science Publishers Ltd., 2013.

[69] Cheng H K, Koehler G J. Optimal pricing policies of web-enabled application services. Decision Support Systems, 2003, 35(3): 259-272.

[70] Vaquero L M, Rodero-Merino L, Caceres J, et al. A break in the clouds: Towards a cloud definition. ACM SIGecom Computer Communication Review, 2008, 39(1): 50-55.

[71] Mendelson H. Pricing computer services: Queueing effects. Communications of the ACM, 1985, 28(3): 312-321.

[72] Demirkan H, Cheng H K. The risk and information sharing of application services supply chain. European Journal of Operational Research, 2008, 187(3): 765-784.

[73] Yan J, Guo Y, Schatzberg L. Coordination mechanism of IT service supply chain: An economic perspective. Electronic Markets, 2012, 22(2): 95-103.

[74] Guo Y, Chen J, Guo H, et al. Coordination mechanism of SaaS service supply chain: Based on compensation contracts. Journal of Industrial Engineering & Management, 2013, 6(4): 301-307.

[75] 郭彦丽, 严建援. IT 服务供应链协调. 北京: 电子工业出版社, 2012: 58-138.

[76] Anselmi J, Ardagna D, Lui J C S, et al. The economics of the cloud: Price competition and congestion. ACM SIGecom Exchanges, 2014, 13(1): 58-63.

[77] Kern T, Willcocks L P, Lacity M C. Application service provision: Risk assessment andmitigation. MIS Quarterly Executive, 2002, 1(2): 113-126.

[78] 李新明, 廖貅武, 刘洋. 基于 SaaS 模式的服务供应链协调研究. 中国管理科学, 2013, 21(2): 98-106.

[79] 工业和信息化部电子科学技术委员会软件和信息服务业专业组. 中国云计算技术和产业体系研究与实践. 北京: 电子工业出版社, 2014.

[80] Julie Bort. Google just scored a huge win against Amazon by landing Apple as a customer. http: //www.businessinsider.com/google-nabs-apple-as-a-cloud-customer-2016-3.

[81] Leong L, Toombs D, Gill B. Magic quadrant for cloud infrastructure as a service, worldwide. http: //www.gartner.com/technology/reprints.do?id=1-2G2O5FC&ct=150519&st=sb.

[82] Cloud Vulnerabilities Working Group. Cloud computing vulnerability incidents: A statistical overview. https://cloudsecurityalliance.org/download/cloud-Computingvulnerability-incidents-a-statistical-overview/.

[83] Natis Y V, Pezzini M, Iijima K, et al. Magic quadrant for enterprise application platform as a service, worldwide. http://www.gartner.com/technology/reprints.do?id=1-2C727LS&ct=150324&st=sb.

[84] Walraven S, Truyen E, Joosen W. Comparing PaaS offerings in light of SaaS development. Computing, 2014, 96(8): 669-724.

[85] Tang C, Liu J. Selecting a trusted cloud service provider for your SaaS program. Computers & Security, 2015, 50: 60-73.

[86] Sabi H M, Uzoka F M E, Langmia K, et al. Conceptualizing a model for adoption of cloud computing in education. International Journal of Information Management, 2016, 36(2): 183-191.

[87] Anselmi J, Ardagna D, Passacantando M. Generalized nash equilibria for SaaS/PaaS clouds. European Journal of Operational Research, 2014, 236(1): 326-339.

[88] 杰拉德·卡桑, 克里斯蒂安·特维施. 运营管理:供需匹配的视角. 任建标, 译. 北京: 中国人民大学出版社, 2013.

[89] Mazalov V, Lukyanenko A, Luukkainen S. Equilibrium in cloud computing market. Performance Evaluation, 2015, 92: 40-50.

[90] Huang J, Kauffman R J, Ma D. Pricing strategy for cloud computing: A damaged services perspective. Decision Support Systems, 2015, 78: 80-92.

[91] Thomas E, Zaigham M, Ricardo P. 云计算:概念、技术与架构. 龚奕利, 贺莲, 胡创, 译. 北京: 机械工业出版社, 2014.

附　　录

1. 5.5.1 节中的证明

将式 (5-33) 和 (5-34) 代入式 (5-29) 和式 (5-30)，即可将原非线性规划问题转化成如下所示的拉格朗日函数：

$$
\begin{aligned}
M(\beta_H, \gamma_H, \beta_L, \gamma_L, p, \lambda, \mu, f, g) = & \Pi_S\{p, \mu; (\beta_H, \gamma_H), (\beta_L, \gamma_L)\} \\
& + f\left(\beta_H \cdot \left(1 + \frac{\gamma_H b}{\beta_H(p\lambda + g_2\lambda^2)\ln a_H}\right) \cdot (p\lambda + g_2\lambda^2) + (\omega - c)\mu \right. \\
& + (g_1 - d)\mu^2 - \gamma_H \cdot b \cdot \log_{a_H} \frac{-\gamma_H b}{\beta_H(p\lambda + g_2\lambda^2)\ln a_H} \\
& - \beta_L \cdot \left(1 + \frac{\gamma_L b}{\beta_L(p\lambda + g_2\lambda^2)\ln a_H}\right) \cdot (p\lambda + g_2\lambda^2) - (\omega - c)\mu \\
& \left. + (g_1 - d)\mu^2 + \gamma_L \cdot b \cdot \log_{a_H} \frac{-\gamma_L b}{\beta_L(p\lambda + g_2\lambda^2)\ln a_H}\right) \\
& + g\left(\beta_L \cdot \left(1 + \frac{\gamma_L b}{\beta_L(p\lambda + g_2\lambda^2)\ln a_L}\right) \cdot (p\lambda + g_2\lambda^2) + (\omega - c)\mu \right. \\
& + (g_1 - d)\mu^2 - \gamma_L \cdot b \cdot \log_{a_L} \frac{-\gamma_L b}{\beta_L(p\lambda + g_2\lambda^2)\ln a_L} \\
& - \beta_H \cdot \left(1 + \frac{\gamma_H b}{\beta_H(p\lambda + g_2\lambda^2)\ln a_L}\right) \cdot (p\lambda + g_2\lambda^2) - (\omega - c)\mu \\
& \left. + (g_1 - d)\mu^2 + \gamma_H \cdot b \cdot \log_{a_L} \frac{-\gamma_H b}{\beta_H(p\lambda + g_2\lambda^2)\ln a_L}\right)
\end{aligned}
$$

(A-1)

根据式 (A-1) 的一阶导条件，可知 $\{(\beta_L, \gamma_L)(\beta_H, \gamma_H)\}$ 应该是以下方程组的解：

$$
\begin{aligned}
\partial M / \partial \beta_H = & m\left[\frac{-\gamma_H \cdot b}{\ln a_H \beta_H^2} - (p\lambda + g_2\lambda^2) + \frac{b(1-\gamma_H)}{\ln a_H \beta_H}\right] + \\
& f\left(p\lambda + g_2\lambda^2 + \frac{\gamma_H \cdot b}{\ln a_H \beta_H}\right) - g\left(p\lambda + g_2\lambda^2 + \frac{\gamma_H \cdot b}{\ln a_L \beta_H}\right) = 0
\end{aligned}
$$

(A-2)

$$\partial M / \partial \beta_L = (1-m)\left[\frac{-\gamma_L \cdot b}{\ln a_L \beta_L^2} - (p\lambda + g_2\lambda^2) + \frac{b(1-\gamma_L)}{\ln a_L \beta_L}\right]$$
$$-f\left(p\lambda + g_2\lambda^2 + \frac{\gamma_L \cdot b}{\ln a_H \beta_L}\right) + g\left(p\lambda + g_2\lambda^2 + \frac{\gamma_L \cdot b}{\ln a_L \beta_L}\right) = 0 \quad \text{(A-3)}$$

$$\partial M / \partial \gamma_H = m\left[\frac{(1-\beta_H)\cdot b}{\ln a_H \beta_H} - \frac{b}{\ln a_H \gamma_H} + b\log_{a_H}\frac{-\gamma_H b}{\beta_H(p\lambda + g_2\lambda^2)\ln a_H}\right.$$
$$\left.-\frac{b}{\ln a_H}\right] - fb\log_{a_H}\frac{-\gamma_H b}{\beta_H(p\lambda + g_2\lambda^2)\ln a_H} + gb\log_{a_L}\frac{-\gamma_H b}{\beta_H(p\lambda + g_2\lambda^2)\ln a_L} = 0 \quad \text{(A-4)}$$

$$\partial M / \partial \gamma_L = (1-m)\left[\frac{(1-\beta_L)\cdot b}{\ln a_L \beta_L} - \frac{b}{\ln a_L \gamma_L} + b\log_{a_L}\frac{-\gamma_L b}{\beta_L(p\lambda + g_2\lambda^2)\ln a_L} - \frac{b}{\ln a_L}\right]$$
$$+ fb\log_{a_H}\frac{-\gamma_L b}{\beta_L(p\lambda + g_2\lambda^2)\ln a_H} - gb\log_{a_L}\frac{-\gamma_L b}{\beta_L(p\lambda + g_2\lambda^2)\ln a_L} = 0 \quad \text{(A-5)}$$

2. 5.5.2节中的证明

将式(5-33)、式(5-34)代入式(5-29)、式(5-30)，构造原非线性规划问题的拉格朗日函数如下：

$$L(\beta_H, \gamma_H, \beta_L, \gamma_L, p, \lambda, \mu, f, g) = \Pi(p, \mu, e)$$
$$+ f\left(\beta_H \cdot \left(1 + \frac{\gamma_H b}{\beta_H(p\lambda + g_2\lambda^2)\ln a_H}\right) \cdot (p\lambda + g_2\lambda^2) + (\omega-c)\mu\right.$$
$$+ (g_1-d)\mu^2 - \gamma_H \cdot b \cdot \log_{a_H}\frac{-\gamma_H b}{\beta_H(p\lambda + g_2\lambda^2)\ln a_H}$$
$$- \beta_L \cdot \left(1 + \frac{\gamma_L b}{\beta_L(p\lambda + g_2\lambda^2)\ln a_H}\right) \cdot (p\lambda + g_2\lambda^2) - (\omega-c)\mu$$
$$\left.+ (g_1-d)\mu^2 + \gamma_L \cdot b \cdot \log_{a_H}\frac{-\gamma_L b}{\beta_L(p\lambda + g_2\lambda^2)\ln a_H}\right)$$
$$+ g\left(\beta_L \cdot \left(1 + \frac{\gamma_L b}{\beta_L(p\lambda + g_2\lambda^2)\ln a_L}\right) \cdot (p\lambda + g_2\lambda^2)\right.$$
$$+ (\omega-c)\mu + (g_1-d)\mu^2 - \gamma_L \cdot b \cdot \log_{a_L}\frac{-\gamma_L b}{\beta_L(p\lambda + g_2\lambda^2)\ln a_L}$$
$$- \beta_H \cdot \left(1 + \frac{\gamma_H b}{\beta_H(p\lambda + g_2\lambda^2)\ln a_L}\right) \cdot (p\lambda + g_2\lambda^2)$$
$$\left.- (\omega-c)\mu + (g_1-d)\mu^2 + \gamma_H \cdot b \cdot \log_{a_L}\frac{-\gamma_H b}{\beta_H(p\lambda + g_2\lambda^2)\ln a_L}\right)$$

(A-6)

易证约束式(5-30)是紧约束，因此可以将式(A-6)的一阶导条件简化成式(A-7)和式(A-8)：

$$\partial L / \partial \beta_H = (f-g)(p\lambda + g_2\lambda^2) + \left(\frac{f}{\ln a_H} - \frac{g}{\ln a_L}\right)\frac{b \cdot \gamma_H}{\beta_H} = 0 \qquad (A-7)$$

$$\partial L / \partial \beta_L = (g-f)(p\lambda + g_2\lambda^2) + \left(\frac{g}{\ln a_L} - \frac{f}{\ln a_H}\right)\frac{b \cdot \gamma_L}{\beta_L} = 0 \qquad (A-8)$$

结合式(A-7)和式(A-8)可知：

$$\frac{\beta_L}{\gamma_L} = \frac{\beta_H}{\gamma_H} \qquad (A-9)$$